数控车编程与加工技术

主　编　陈光伟　　陈小雷　　吴嘉炎

副主编　陈兆平　　陈伟志　　林绿凤

参　编　许火勇　　郑泽钿　　黄　伟

　　　　杨伟荣　　刘国威　　黎振浩

　　　　邹　权　　黄大伟

U0260263

北京理工大学出版社
BEIJING INSTITUTE OF TECHNOLOGY PRESS

图书在版编目（CIP）数据

数控车编程与加工技术/陈光伟，陈小雷，吴嘉炎主编 . —北京：北京理工大学出版社，2018.2

ISBN 978 – 7 – 5682 – 5274 –4

Ⅰ. ①数…　Ⅱ. ①陈…②陈…③吴…　Ⅲ. ①数控机床 – 车床 – 程序设计 – 高等学校 – 教材②数控机床 – 车床 – 加工工艺 – 高等学校 – 教材　Ⅳ. ①TG519.1

中国版本图书馆 CIP 数据核字（2018）第 022155 号

出版发行／北京理工大学出版社有限责任公司

社　　址／北京市海淀区中关村南大街 5 号

邮　　编／100081

电　　话／（010）68914775（总编室）

　　　　　（010）82562903（教材售后服务热线）

　　　　　（010）68948351（其他图书服务热线）

网　　址／http：//www. bitpress. com. cn

经　　销／全国各地新华书店

印　　刷／三河市天利华印刷装订有限公司

开　　本／787 毫米 ×1092 毫米　1/16

印　　张／15　　　　　　　　　　　　　　　　　　　　　责任编辑／多海鹏

字　　数／349 千字　　　　　　　　　　　　　　　　　　文案编辑／多海鹏

版　　次／2018 年 2 月第 1 版　2018 年 2 月第 1 次印刷　　责任校对／周瑞红

定　　价／59.00 元　　　　　　　　　　　　　　　　　　责任印制／李　洋

前 言

　　"中国制造2025"国家战略的提出及全球"工业4.0"的到来，给院校人才培养工作带来了新的挑战，也面临了新的机遇。

　　本书以典型工作任务为载体，整合数控加工工艺、数控车削编程、数控车床操作等相应的知识和技能，实现理论与操作技能的统一。

　　本书选取入门教育、数控车床基础知识、台阶轴的加工、小锥度心轴零件的编程与加工、槽类零件的加工、圆弧轮廓零件的加工、套类零件的加工、螺纹零件的加工、传动轴的加工、端盖的加工、手柄加工、子程序应用、端面槽加工、组合零件加工等十四个工作任务进行教学，突出"教、学、做"合一的教学特色。

　　本书由陈光伟、陈小雷、吴嘉炎任主编，陈兆平、陈伟志、林绿凤任副主编，参与编写的还有郑泽钿、黄伟、杨伟荣、刘国威、黎振浩、许火勇、邹权、黄大伟等。全书由陈光伟统稿，吴泽波、杨国安、杨其森主审。

　　在本书编写过程中得到广州超远机电科技有限公司、广州数控设备有限公司、广州宁武公司的大力支持，在此深表谢意。

　　由于编者水平和经验有限，时间仓促，书中不妥之处在所难免，敬请广大读者给予批评指正。

编　者

目 录

任务一　入门教育 ··· 001

任务二　数控车床基础知识 ··· 011

任务三　台阶轴的加工 ··· 027
　　训练一　认识数控车床的操作面板 ····································· 027
　　训练二　数控车床的对刀 ·· 045
　　训练三　台阶轴的加工 ··· 059

任务四　小锥度心轴零件的编程与加工 ··································· 074

任务五　槽类零件的加工 ··· 086
　　训练一　G01 加工窄槽 ·· 086
　　训练二　复合固定循环 G75 切宽槽 ··································· 096

任务六　圆弧轮廓零件的加工 ··· 105
　　训练一　G71 加工圆弧轮廓零件 ······································ 105
　　训练二　车刀刃磨 ··· 114

任务七　套类零件的加工 ··· 124

任务八　螺纹零件的加工 ··· 135

任务九　传动轴的加工 ··· 154

任务十　端盖的加工 ··· 164

任务十一　手柄加工 ··· 176

任务十二　子程序应用 ··· 187

任务十三　端面槽加工 ··· 196

任务十四　组合零件加工 ··· 205

参考文献 ··· 231

任务一 入门教育

随着科学技术的进步、数控机床的发展，技术人员需求越来越多，尤其是高素质操作管理技术人员，不仅对技术水平有要求，还对其在生产中的安全意识和场地管理提出了要求。因为生产中严格遵守安全操作规程和合理地进行场地管理是保障人身和设备安全的需求，也是保证机床能够正常工作、达到技术性能、充分发挥其加工优势的需要。

 任务学习目标

（1）提高安全意识，增强安全行为。

（2）熟悉安全规则，保障操作安全。

（3）明确管理要求，实现自我管理。

 任务实施课时

6 学时。

 任务实施流程

（1）导入新课。

（2）组织学生根据自身认识填写工作页。

（3）根据操作步骤要求，组织学生观看影像资料和示范操作。

（4）组织学生进行项目实际操作。

（5）巡回指导练习。

（6）结合实习要求和资料，对相关理论知识进行讲解。

（7）拓展问题讨论。

（8）学习任务考试。

（9）完成活动评价表。

（10）学习任务情况总结。

任务所需器材

（1）设备：数控车床、电脑。

（2）工具：各种扳手。

（3）辅具：影像资料、课件。

请完成表1-1中内容。

表1-1 课前导读

序号	实 施 内 容	答案选项	正确答案
1	你曾有过不安全苗头吗?	A. 有 B. 没有	
2	"不准擅离岗位"容易忽视吗?	A. 容易 B. 不容易 C. 偶尔	
3	上课时能做与上课无关的事情吗?	A. 能 B. 不能	
4	老师讲授专业理论时,是否在认真听讲?	A. 认真 B. 不认真 C. 容易分散注意力	
5	老师在实习传授技能时,是否认真在用心记忆?	A. 认真 B. 不认真 C. 无心记忆	
6	你是喜欢理论课还是实习课,还是都喜欢?	A. 理论课 B. 实习课 C. 其他课	
7	上课老师批评你时,你是反感还是乐意接受?	A. 反感 B. 乐意接受 C. 无所谓	
8	团队精神又指什么精神?	A. 集体主义 B. 人脉关系 C. 助人为乐	
9	实习时发现异常,不用阻止,但要立即报告任课老师对吗?	A. 对 B. 错	
10	在实习场地里可以打闹和玩耍吗?	A. 可以 B. 不可以	
11	实习期间所使用的工、量具可以随意乱放吗?	A. 可以 B. 不可以	
12	实习结束后是否应该清理机床和场地卫生?	A. 是 B. 否	
13	实习期间没有指导教师在场时能否自行操作设备?	A. 可以 B. 不可以	
14	你是否知道6S管理?	A. 知道 B. 不知道	
15	严格遵守6S管理要求能否提高生产效率和节约成本?	A. 可以 B. 不可以	

情 景 描 述

在一个工厂里,新员工第一天来上班,当他们走到工厂门口时抬头看到在大门前的宣传栏上有着如图1-1所示的图片,于是他们看着这几个大字开始思考,就在这时上班的时间到了,大家便急忙进到工厂内等待厂长的到来。厂里第一天上班都需要进行岗前培训,让员工明确工作时的注意事项。大家等了会儿厂长便来了,他说:"你们进入厂门时看到了'安全第?'几个大字,我想大家都在想,但是大家知道为什么要把它放在那儿吗?有何意义?想知道就必须完成我们今天的学习"。你如果想明白其中原因，那么学习本部分内容就知道答案了。

图1-1 安全教育图片

任务实施

认真阅读有关实习场地安全文明生产要求和设备操作规程，熟悉场地6S管理要求，并做好以下工作：

一、入厂前检查着装是否合格（见图1-2）

（a）　　　　　　　　　　　（b）

图1-2 入厂着装

（a）着装不合格；（b）着装合格

二、检查工、量具摆放是否安全、合格（见图1-3）

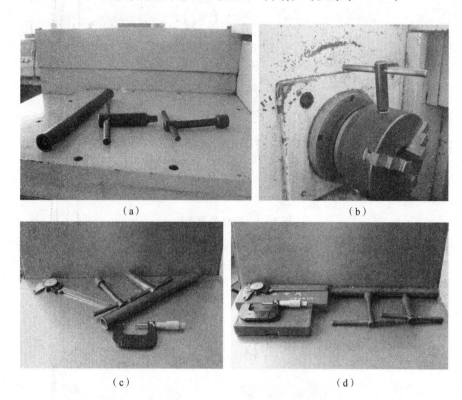

（a）　　　　　　　　　　　（b）

（c）　　　　　　　　　　　（d）

图1-3　工、量具摆放

（a）工具不能放置在机床上；（b）工具不能放置在旋转主轴上；

（c）工具不能和量具堆在一起；（d）工具和量具应分开摆放

三、检查机床卫生（见图1-4）

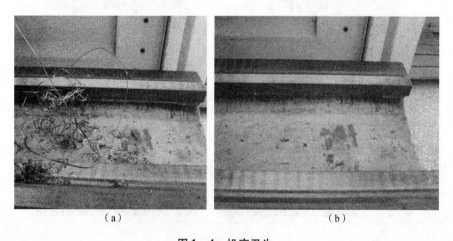

（a）　　　　　　　　　　　（b）

图1-4　机床卫生

（a）铁屑未清理；（b）铁屑清理

四、检查物品是否按 6S 管理要求放置（见图 1-5）

（a）　　　　　　　　　　　　　　　　（b）

（c）

图 1-5　物品放置

（a）刀具与工件分类摆放；（b）量具和工具摆放整齐；（c）场地卫生清理干净

相关知识

知识一　实训入门规范

（1）实习课前须穿好实习服装，戴好工作帽和其他防护品，提前进入实习场所上课，并做好上课准备工作。

（2）教师讲课时，专心听讲，做好笔记，不讲话、玩手机、睡觉和做与上课无关的事情；提问要举手，经教师同意后方可发问；上课中因故要出课室应举手示意，得到教师的允许方可离开课室。

（3）教师操作示范时，认真观察，不拥挤和喧哗，更不得乱动设备。

（4）学生按分配工位进行实习，不串岗，更不能私自开启设备。

（5）严格遵守安全操作规程，防止发生人为事故。

（6）严格遵守实习课题要求，保质、保量、按时完成实习任务，不断提高操作水平。

（7）爱护公共财物，节电、节水、节约材料。

（8）保持工作场所整洁。下课前要清扫场地、保养设备、清理工具材料、关闭电源，经教师检查后方可离开。

（9）下课时，经教师同意后方可离开实习工场。

知识二 实训纪律规范

（1）不准闲谈打闹。

（2）不准擅离岗位。

（3）不准干私活。

（4）不准私带工具出车间。

（5）不准乱丢或乱放工、量具。

（6）不准生火、玩火。

（7）不准使设备带病工作。

（8）不准擅自拆修电器。

（9）不准乱用别人的工具材料。

（10）不准顶撞教师。

知识三 数控车床安全操作规程

1. 工作前要做到

（1）检查润滑系统储油部位的油量应符合规定、封闭良好。油标、油窗、油杯、油嘴、油线、油毡、油管和分油器等应齐全完好、安装正确。按润滑指示图表规定做人工加油，查看油窗是否来油。

（2）必须束紧服装、套袖，戴好工作帽、防护眼镜，工作时应检查各手柄位置的正确性，应使变换手柄保持在规定位置上，严禁戴围巾、手套，穿裙子、凉鞋、高跟鞋上岗操作。

（3）检查机床、导轨以及各主要滑动面，如有障碍物、工具、铁屑和杂质等，必须清理、擦拭干净并上油。

（4）检查工作台、导轨及主要滑动面有无新的拉、研、碰伤，如有应通知指导教师一起查看，并做好记录。

（5）检查安全防护、制动（止动）和换向等装置应齐全完好。

（6）检查操作手柄、阀门、开关等应处于非工作的位置上，并检查其是否灵活、准确、可靠。

（7）检查刀架应处于非工作位置，检查刀具及刀片是否松动，检查操作面板是否有异常。

（8）检查电气配电箱应关闭牢靠、电气接地良好。

（9）机床工作开始前要有预热，应当非常熟悉急停按钮的位置，以便无论何时需要都无须寻找就能按到它。

（10）在实习中，未经老师允许不得接通电源，操作机床和仪器。

2. 工作中认真做到

（1）坚守岗位，精心操作，不做与工作无关的事。因事离开机床时要停车，并关闭电源。

（2）按工艺规定进行加工。不准任意加大进刀量、切削速度。不准超规范、超负荷、超重量使用机床。

（3）刀具、工件应装夹正确、紧固牢靠，装卸时不得碰伤机床。找正工件不准重锤敲打，不准用加长手柄增加力矩的方法紧固刀具、工件。

（4）不准在机床主轴锥孔、尾座套筒锥孔及其他工具安装孔内安装与其锥度或孔径不符、表面有刻痕和不清洁的顶针、刀具、刀套等。

（5）传动及进给机构的机械变速、刀具与工件的装夹、调整以及工件工序间的人工测量等均应在切削刀具、工件后停车进行。

（6）刀具应及时磨锋或更换。

（7）切削刀具未离开工件不准停车。

（8）不准擅自拆卸机床上的安全防护装置，缺少安全防护装置的机床不准工作。

（9）机床上特别是导轨面不准直接放置工具、工件及其他杂物。

（10）经常清除机床上的铁屑、油污，保持导轨面、滑动面、转动面、定位基准面清洁。

（11）密切注意机床运转和润滑情况，如发现动作失灵、振动、发热、爬行、噪声、异味和碰伤等异常现象，应立即停车检查，排除故障后方可继续工作。

（12）机床发生事故时应立即按急停按钮，保持事故现场，报告有关部门分析处理。

（13）用卡盘夹紧工件及部件时，必须将扳手取下方可开车。

（14）装卸花盘、卡盘和加工重大工件时，必须在床身面上垫上一块木板，以免落下损坏机床。装卸卡盘应在停机后进行，不可用电动机的力量取下卡盘。

（15）在工作中加工钢件时冷却液要倾注在构成铁屑的地方，使用锉刀时应右手在前、左手在后，锉刀一定要安装手把。

（16）机床在加工偏心工件时，要加均衡铁，将配重螺丝上紧，并用手扳动两三周明确无障碍时方可开车。

（17）切削脆性金属时，事先要擦净导轨面的润滑油，以防止切屑擦坏导轨面。

（18）刀具安装好后应进行一、二次试切削。检查卡盘夹紧工作的状态，保证工件卡紧。

（19）工作中严禁用手清理铁屑，一定要用清理铁屑的专用工具，对切削下来的带状切屑、螺旋状长切屑，应用钩子及时清除，以免发生事故。

（20）机床开动前必须关好机床防护门。机床开动时不得随意打开防护门。

（21）用顶尖装夹工件时，顶尖与中心孔应完全一致，不能用破损或歪斜的顶尖，使用前应将顶尖和中心孔擦净。后尾座顶尖要顶牢。

（22）车削细长工件时，为保证安全，应采用中心架或跟刀架，长出车床的部分应有标志。

（23）刀具装夹要牢靠，刀头伸出部分不要超出刀体高度的 1.5 倍，垫片的形状尺寸应与刀体形状尺寸相一致，垫片应尽可能少而平。

（24）用砂布打磨工件表面时，应把刀具移动到安全位置，不要让衣服和手接触工件表面。加工内孔时，不可用手指支持砂布，应用木棍代替，同时速度不宜太快。

（25）操作者在工作中不许离开工作岗位，如需离开时无论时间长短，都应停车，以免发生事故。

（26）对加工的首件要进行动作检查和防止刀具干涉的检查，按"高速扫描运行""空运转""单程序断切削""连续运转"的顺序进行。

（27）自动运行前，确认刀具补偿值和工件原点的设定。确认操作面板上进给轴的速度及其倍率开关状态。切削加工要在各轴与主轴的扭矩和功率范围内使用。

（28）装卸及测量工件时，应把刀具移到安全位置，主轴停转，要确认工件在卡紧状态下加工。

（29）使用快速进给时，应注意工作台面的情况，以免发生事故。

（30）每次开机后，必须先进行回机床参考点的操作。

（31）运行程序前要先对刀，确定工件坐标系原点。对刀后立即修改机床零点偏置参数，以防程序不正确运行。

（32）在手动方式下操作机床，要防止主轴和刀具与机床或夹具相撞。操作机床面板时，只允许单人操作，其他人不得触摸按键。

（33）运行程序自动加工前，必须进行机床空运行。空运行时必须保持刀具与工件之间有一个安全距离。

（34）自动加工中出现紧急情况时，应立即按下复位或急停按钮。当显示屏出现报警号时，要先查明报警原因，采取相应措施，取消报警后再进行操作。

3. 工作后认真做到

（1）将机械操作手柄、阀门、开关等扳到非工作位置上。

（2）停止机床运转，切断电源、气源。

（3）清除铁屑，清扫工作现场，认真擦净机床。导轨面、转动及滑动面、定位基准面、工作台面等处应加油保养。严禁使用带有铁屑的脏棉纱揩擦机床，以免拉伤机床导轨面。不允许采用压缩空气清洗机床、电气柜及 NC 单元。

（4）认真将班中发现的机床问题填到交接班记录本上，做好交班工作。

知识四　6S 管理细则内容、实施原则和对象

1. 细则

"6S 管理"由日本企业的 5S 扩展而来，是现代工厂行之有效的现场管理的理念和方法，其作用是：提高效率，保证质量，使工作环境整洁有序，预防为主，保证安全。6S 的本质是一种执行力的企业文化，强调纪律性的文化，不怕困难，想到做到，做到做好，作为基础性的 6S 工作的落实，能为其他管理活动提供优质的管理平台。

2. 内容

（1）整理（SEIRI）——将工作场所的任何物品区分为有必要和没有必要的，除了有必要的留下来，其他的都消除掉。

目的：腾出空间，空间活用，防止误用，塑造清爽的工作场所。

（2）整顿（SEITON）——把留下来的、必要用的物品依规定位置摆放，并放置整齐加以标识。

目的：工作场所一目了然，消除寻找物品的时间，保持整整齐齐的工作环境，消除过多的积压物品。

（3）清扫（SEISO）——将工作场所内看得见与看不见的地方清扫干净，保持工作场所干净、亮丽的环境。

目的：稳定品质，减少工业伤害。

（4）清洁（SEIKETSU）——将整理、整顿、清扫进行到底，并且制度化，经常保持环境外在美观的状态。

目的：创造明朗现场，维持上面的3S成果。

（5）素养（SHITSUKE）——每位成员养成良好的习惯，并遵守规则做事，培养积极主动的精神（也称习惯性）。

目的：培养有好习惯、遵守规则的员工，营造团队精神。

（6）安全（SECURITY）——重视成员安全教育，每时每刻都有安全第一的观念，防患于未然。

目的：建立起安全生产的环境，所有的工作应建立在安全的前提下。

用以下的简短语句来描述6S，也能方便记忆：

整理：要与不要，一留一弃；

整顿：科学布局，取用快捷；

清扫：清除垃圾，美化环境；

清洁：形成制度，贯彻到底；

素养：养成习惯，以人为本；

安全：安全操作，生命第一。

3. 实施原则

（1）效率化：定置的位置是提高工作效率的先决条件。

（2）持之性：人性化，全球遵守与保持。

（3）美观：做产品——做文化——征服客户群。管理理念适应现场场景，展示让人舒服、感动。

4. 对象

（1）人：规范化，对员工行动品质的管理。

（2）事：流程化，对员工工作方法、作业流程的管理。

（3）物：规格化，对所有物品的规范管理。

拓展知识

（1）遵守安全操作规程和场地管理要求能给生产带来什么好处？

（2）6S 管理对一个企业的管理起着什么作用？

 **活动评价**

根据自己在该任务中的学习表现，结合表 2-2 中的活动评价项目进行自我评价。

表 2-2　活动评价

项目	评 价 内 容	评价等级（学生自我评价）		
		A	B	C
关键能力评价项目	1. 安全意识强			
	2. 着装、仪容符合实习要求			
	3. 积极主动学习			
	4. 无消极怠工现象			
	5. 爱护公共财物和设备设施			
	6. 维护课堂纪律			
	7. 服从指挥和管理			
	8. 积极维护场地卫生			
专业能力评价项目	1. 书、本等学习用品准备充分			
	2. 工、量具选择及运用得当			
	3. 理论联系实际			
	4. 积极主动参与 6S 管理训练			
	5. 严格遵守操作规程			
	6. 独立完成操作训练			
	7. 独立完成工作页			
	8. 学习和训练质量高			
教师评语		成绩评定		

任务二　数控车床基础知识

1952 年第一台数控机床问世，它是世界机械工业史上一件划时代的事件，并推动了机械自动化的发展进程，同时大大提高了生产效率和产品质量。目前数控机床已广泛应用在机械加工的任何领域，其也是我们需认识和掌握的一门技术。

 任务学习目标

（1）明确数控概念和数控车床的工作原理。
（2）明确数控车床的结构、加工对象和分类。
（3）掌握数控车床的日常维护和保养。

 任务实施课时

18 学时。

 任务实施流程

（1）导入新课。
（2）组织学生根据自身认识填写工作页。
（3）根据操作步骤要求，组织学生观看影像资料和示范操作。
（4）组织学生进行项目实际操作。
（5）巡回指导练习。
（6）结合实习要求和资料，对相关理论知识进行讲解。
（7）拓展问题讨论。
（8）学习任务考试。
（9）完成活动评价表。
（10）学习任务情况总结。

 任务所需器材

（1）设备：数控车床、电脑。
（2）工具：各种扳手。
（3）辅具：影像资料、课件、润滑油。

请完成表 2-1 中的内容。

表 2 - 1　课前导读

序号	实 施 内 容	答案选项	正确答案
1	数控机床控制用的是什么样的信息？	A. 模板化信息 B. 数字化信息	
2	CNC 的含义是计算机数字控制。	A. 对　　　　B. 错	
3	数控机床加工的加工精度比普通机床高，是因为数控机床的传动链较普通机床的传动链长。	A. 对　　　　B. 错	
4	数控机床伺服系统将数控装置的脉冲信号转换成机床移动部件的运动。	A. 对　　　　B. 错	
5	数控机床加工运动的轨迹与理想轨迹完全相同。	A. 对　　　　B. 错	
6	数控机床伺服系统是以_____为直接控制目标的自动控制系统。	A. 机械运动速度 B. 机械位移 C. 切削力 D. 切削速度	
7	数控机床的核心是_____。	A. 数控装置　　B. 伺服系统 C. 检测装置　　D. 反馈系统	
8	数控机床通常应用于怎样的生产？	A. 大批量零件 B. 单个高精度零件 C. 中小批量复杂零件	
9	数控机床的进给传动机构采用的是哪种机构？	A. 双螺母丝杠副 B. 梯形螺母丝杠副 C. 滚珠丝杠螺母副	
10	在进行设备的维修时是否应切断电源？	A. 是　　　　B. 否	
11	数控车床导轨垃圾清理的时间是_____。	A. 每天　　　　B. 每周	
12	机床里冷却液更换的时间是_____。	A. 每天　　B. 根据使用情况	
13	长期不使用的设备应_____。	A. 关机封存　　B. 定期开机	
14	机床机械部位应_____。	A. 每天维护　　B. 定期维护	

情 景 描 述

　　一位实习老师在给学生上数控设备的课，为了增加学生对课程的学习兴趣，于是便带学生到数控车间（见图 2 - 1）去参观，到了现场后，学生们看到数控设备在进行自动加工各种各样的零件时觉得很奇怪，便问老师说："这是什么机床？为什么它可以自动加工？这些机床到底可以加工什么样的零件？我们如果用这些设备要注意哪些问题？"于是老师就这些问题一一跟他们介绍。如果你想知道这些问题的答案，那么就学习以下内容吧！

图 2-1 数控实习车间

任务实施

任务实施一：认识数控车床

到数控车间现场观看数控车床实物（见图 2-2），并分辨其组成结构和其对零件的加工过程。

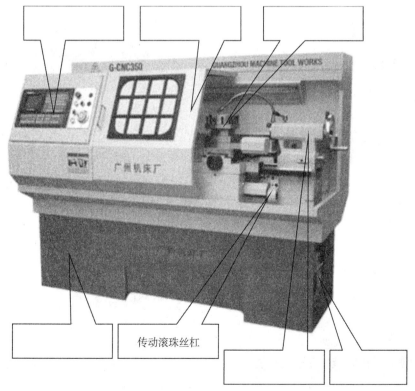

传动滚珠丝杠

图 2-2 数控车床

任务实施二：数控车床日常保养

根据数控车床日常保养要求对相应部位进行保养和维护，如图 2 - 3 所示。

(a) (   )   (b) (   )

(c) (   )   (d) (   )

(e) (   )   (f) (   )

图 2 - 3　部分日常保养和维护内容

相关知识

知识一　数控车床概述

一、数控和数控车床概念

数控（Numerical Control，NC）技术是指用数字、文字和符号组成的数字指令来实现一台或多台机械设备动作控制的技术。数控一般是采用通用或专用计算机实现数字程序控制，因此数控也称为计算机数控（Computerized Numerical Control，CNC）。

数控车床又称为 CNC 车床，即计算机数字控制车床，是一种高精度、高效率的自动化机床。它具有广泛的加工工艺性能，可加工直线圆柱、斜线圆柱、圆弧和各种螺纹，具有直线插补、圆弧插补等各种补偿功能。

二、数控车床的工作原理

数控车床是用数字化信息来实现自动控制的，即将与加工零件有关的信息——工件与刀具相对运动轨迹参数（进给执行部件的进给尺寸）、切削加工工艺参数（主运动和进给运动的速度、切削深度等），以及各种辅助操作（主运动变速、刀具更换、切削润滑液关停、工件夹紧松开）等用规定的文字、数字和符号组成的代码，按一定的格式编写成加工程序，并将加工程序通过控制介质输入到数控装置中，由数控装置经过分析处理后，发出各种与加工程序相对应的信号和指令，控制机床进行自动加工。图 2-4 所示为数控车床工作过程。

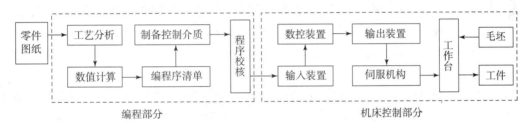

图 2-4　数控车床工作过程

三、数控车床的结构组成

数控车床的种类很多，但任何一种数控车床都由加工程序、输入装置、数控系统、伺服系统、辅助控制装置、反馈系统和机床本体组成。图 2-5 所示为数控车床的结构组成。

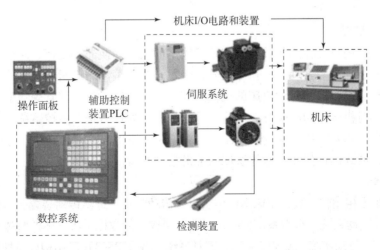

图 2-5　数控车床的结构组成

1. 加工程序

数控机床工作时，不需要工人直接去操作机床。要对数控机床进行控制必须编制加工程序。加工程序存储着加工零件所需的全部操作信息和刀具相对工件的位移信息等。加工程序可存储在控制介质上，或利用键盘直接将程序及数据输入。随着 CAD/CAM 技术的发展，有些 CNC 设备可利用 CAD/CAM 软件在其他计算机上生成程序，然后导入数控系统中。

2. 输入、输出装置

输入、输出装置是机床数控系统和操作人员进行信息交流、实现人机对话的交互设备。输入装置的作用是将程序载体上的数控代码变成相应的电脉冲信号，传进并存入数控装置内。目前，数控机床的输入装置有键盘、磁盘驱动器、光电阅读机等，其相应的程序载体为磁盘和穿孔纸带。输出装置是显示器，有 CRT 显示器或彩色液晶显示器两种。输出装置的作用是：数控系统通过显示器为操作人员提供必要的信息。显示的信息可以是正在编辑的程序、坐标值以及报警信号等。

3. 数控系统

数控系统是数控机床的核心。现代数控系统通常是一台具有专用系统软件的微型计算机，它由输入/输出接口线路、控制运算器和存储器等构成。它接收控制介质上的数字化信息，经过控制软件或逻辑电路进行编译、运算和逻辑处理后，输出各种信号和指令，控制机床的各个部分进行规定的、有序的动作。

4. 伺服系统

伺服系统是数控机床的执行机构，由驱动装置和执行部件两部分组成。它接收数控系统的指令信息，并按指令信息的要求控制执行部件的进给速度、方向和位移，以加工出符合图样要求的零件。因此，伺服精度和动态响应是影响数控机床加工精度、表面质量和生产效率的重要因素之一。目前在数控机床的伺服系统中，常用的位移执行部件有功率步进电动机、直流伺服电动机和交流伺服电动机。

5. 反馈系统

测量元件将数控机床各坐标轴的位移指令值检测出来并经反馈系统输入到机床的数控系统中，数控系统将反馈回来的实际位移值与设定值进行比较，并向伺服系统输出达到设定值所需的位移指令。

6. 辅助控制装置

辅助控制装置的主要作用是接收数控系统输出的主运动换向、变速、启停、刀具的选择和更换，以及其他辅助装置动作的指令信号，经过必要的编译、逻辑判别和运算，及功率放大后直接驱动相应的电器，带动机床的机械部件、液压装置、气动装置等辅助装置完成指令规定的动作。同时机床上的限位开关等开关量信号经它处理后送回数控系统进行处理。由于可编程序控制器（PLC）具有响应快，性能可靠，易于使用、编程和修改，并可直接驱动机床电器等特点，故现已广泛作为数控机床的辅助控制装置。

7. 车床本体

与传统的车床相比较，数控车床本体仍然由主传动装置、进给传动装置、刀架、卡盘、床身及尾座、液压气动系统、润滑系统和冷却装置等组成，但数控车床本体的整体布局、外观造型（见图 2-6）、传动系统（见图 2-7）、刀具系统（见图 2-8）等结构以及操纵机构都发生了很大的改变，这种变化的目的是满足数控车床高精度、高速度、高效率以及高柔性的要求。

图 2-6 数控车床的外观

图 2-7 数控车床的传动装置

图 2-8 数控车床的刀具系统

四、数控车床的分类

目前随着数控机械设备的不断发展，出现的数控车床设备品种越来越多，分类方式也各不相同。

1. 按数控系统的功能分类

1）经济型数控车床

经济型数控车床（见图 2-9）结构布局多数与普通车床相似，一般采用步进电动机驱动的开环伺服系统，采用单板机或单片机实现控制功能，显示多数采用数码管或简单的 CRT 字符显示。

图 2-9　经济型数控车床

2）全功能型数控车床

全功能型数控车床（见图 2-10）分辨率高，进给速度快（一般为 15m/min 以上），进给多数采用半闭环直流或交流伺服系统，机床精度也相对较高，并采用 CRT 显示器，不但有字符，还有图形、人机对话和自诊断等功能。

图 2-10　全功能型数控车床

3）车削中心

车削中心（见图 2-11）是以全功能型数控车床为主体，并配置刀库、换刀装置、分度装置、铣削动力头和机械手等,实现多工序复合加工,在一次装夹后,可以完成回转类零件的车、铣、钻、铰和攻螺纹等多工序加工,其功能全面,但价格较高。

图 2 – 11　车削中心

4) FMC 车床

FMC 数控车床(见图 2 – 12)实际上是一个由数控车床、机器人等构成的柔性加工单元,它能实现工件搬运、装卸的自动化和加工调整准备的自动化。

图 2 – 12　FMC 数控车床

2. 按主轴轴线位置形式分类

1) 卧式数控车床

卧式数控车床又分为数控水平导轨卧式车床和数控倾斜导轨卧式车床。其倾斜导轨结构可以使车床具有更大的刚性,并易于排除切屑。图 2 – 13 所示为水平导轨卧式车床。

图 2 – 13   水平导轨卧式车床

2）立式数控车床

立式数控车床简称为数控立车，其车床主轴垂直于水平面——一个直径很大的圆形工作台，用来装夹工件。这类机床主要用于加工径向尺寸大、轴向尺寸相对较小的大型复杂零件。图 2 – 14 所示为立式数控车床。

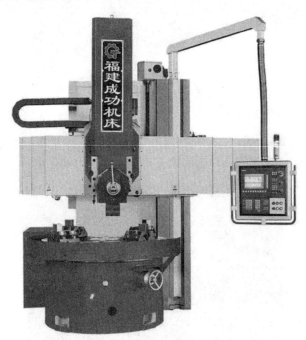

图 2 – 14   立式数控车床

五、数控车床加工对象

1. 高难度加工

成型面零件、非标准螺距（或导程）、变螺距、等螺距与变螺距或圆柱与圆锥螺旋面之间做平滑过渡的螺旋零件都可在数控车床上加工，如图 2 – 15 所示的螺纹零件。

图 2 - 15　螺纹零件

2. 高精度零件加工

零件的精度要求主要是指尺寸、形状、位置和表面等精度要求，其中的表面精度主要指表面粗糙度。

3. 淬硬工件的加工

在大型模具加工中，有不少尺寸大且形状复杂的零件，这些零件热处理后的变形量较大，磨削加工困难，而在数控车床上可以用陶瓷车刀车削加工淬硬后的零件，以车代磨，提高加工效率。

4. 高效加工

为了进一步提高车削加工的效率，通过增加车床的控制坐标轴，就能在一台数控车床上同时加工出两个工序相同或不同的零件。图 2 - 16 所示为数控车床多工序零件。

图 2 - 16　数控车床多工序零件

知识二　数控车床的维护和保养

数控车床具有集机、电、液一身的、技术密集和知识密集的特点，是一种自动化程度高、结构复杂且又昂贵的先进加工设备。为了充分发挥其效益、减少故障的发生，必须做好日常维护工作。

一、数控机床主要的日常维护与保养工作的内容

1. 选择合适的使用环境

数控车床的使用环境（如温度、湿度、振动、电源电压、频率及干扰等）会影响机床的正常运转，所以在安装机床时应严格要求，做到符合机床说明书规定的安装条件和要求。在经济许可的条件下，应将数控车床与普通机械加工设备隔离安装，以便于维修与保养。

2. 应为数控车床配备数控系统编程、操作和维修的专门人员

这些人员应熟悉所用机床的机械部分、数控系统、强电设备、液压与气压等部分及使用环境和加工条件等，并能按机床和系统使用说明书的要求正确使用数控车床。

3. 长期不用数控车床的维护与保养

在数控车床闲置不用时，应经常给数控系统通电，在机床锁住情况下，使其空运行。在空气湿度较大的霉雨季节应该天天通电，利用电气元件本身的发热驱走数控柜内的潮气，以保证电子部件的性能稳定可靠。

4. 数控系统中硬件控制部分的维护与保养

每年让有经验的维修电工检查一次。检测有关的参考电压是否在规定范围内，如电源模块的各路输出电压、数控单元参考电压等，若不正常，应检查系统内各电器元件连接是否松动；检查各功能模块的风扇运转是否正常，清除灰尘；检查伺服放大器和主轴放大器使用的外接式再生放电单元的连接是否可靠，清除灰尘；检测各功能模块使用的存储器后备电池的电压是否正常，一般应根据厂家的要求定期更换。对于长期停用的机床，应每月开机运行4小时，这样可以延长数控机床的使用寿命。

5. 机床机械部分的维护与保养

操作者在每班加工结束后，应清扫干净散落于拖板、导轨等处的切屑；在工作时注意检查排屑器是否正常，以免造成切屑堆积，损坏导轨精度，危及滚珠丝杠与导轨的寿命；在工作结束前，应将各伺服轴回归原点后停机。

6. 机床主轴电机的维护与保养

维修电工应每年检查一次伺服电动机和主轴电动机。着重检查其运行噪声、温升，若噪声过大，应查明原因（是轴承等机械问题还是与其相配的放大器的参数设置问题），并采取相应措施加以解决。对于直流电动机，应对其电刷、换向器等进行检查、调整、维修或更换，使其工作状态良好。检查电动机端部的冷却风扇运转是否正常并清扫灰尘；检查电动机各连接插头是否松动。

7. 机床进给伺服电动机的维护与保养

对于数控车床的伺服电动机，要在 10 ~ 12 个月进行一次维护与保养，加速或者减速变化频繁的机床要在 2 个月进行一次维护与保养。维护与保养的主要内容有：用干燥的压缩空气吹除电刷的粉尘，检查电刷的磨损情况，如需更换，需选用规格相同的电刷，更换后要空载运行一定时间使其与换向器表面吻合；检查、清扫电枢整流子以防止短路；如装有测速电动机和脉冲编码器，也要进行检查和清扫。数控车床中的直流伺服电动机应每年至少检查一次。

8. 机床测量反馈元件的维护与保养

检测元件采用编码器、光栅尺的较多，也有使用感应同步器、磁尺和旋转变压器等。维修电工每周应检查一次检测元件连接是否松动，是否被油液或灰尘污染。

9. 机床电气部分的维护与保养

具体检查可按以下步骤进行：

（1）检查三相电源的电压值是否正常，有无偏相，如果输入的电压超出允许范围则进行相应调整。

（2）检查所有电气连接是否良好。

（3）检查各类开关是否有效，可借助于数控系统 CRT 显示的自诊断画面及可编程机床控制器（PMC）、输入/输出模块上的 LED 指示灯检查确认，若不良应更换。

（4）检查各继电器、接触器是否工作正常，触点是否完好，可利用数控编程语言编辑一个功能试验程序，通过运行该程序确认各元器件是否完好有效。

（5）检验热继电器、电弧抑制器等保护器件是否有效。

电气部分的保养应由车间电工实施，每年检查调整一次。电气控制柜及操作面板显示器的箱门应密封，不能用打开柜门使用外部风扇冷却的方式降温。操作者应每月清扫一次电气控制柜防尘滤网，每天检查一次电气控制柜冷却风扇或空调运行是否正常。

10. 机床液压系统的维护与保养

各液压阀、液压缸及管子接头是否有外漏；液压泵或液压电动机运转时是否有异常噪声等现象；液压缸移动时工作是否正常平稳；液压系统的各测压点压力是否在规定的范围内，压力是否稳定；油液的温度是否在允许的范围内；液压系统工作时有无高频振动；电气控制或撞块（凸轮）控制的换向阀工作是否灵敏可靠，油箱内油量是否在油标刻线范围内；行位开关或限位挡块的位置是否有变动；液压系统手动或自动工作循环时是否有异常现象；定期对油箱内的油液进行取样化验，检查油液质量，定期过滤或更换油液；定期检查蓄能器的工作性能；定期检查冷却器和加热器的工作性能；定期检查和旋紧重要部位的螺钉、螺母、接头和法兰螺钉；定期检查、更换密封元件；定期检查、清洗或更换液压元件；定期检查、清洗或更换滤芯；定期检查或清洗液压油箱和管道。

操作者每周应检查液压系统压力有无变化，如有变化，应查明原因，并调整至机床制造厂要求的范围内。操作者在使用过程中，应注意观察刀具自动换刀系统、自动拖板移动系统工作是否正常；液压油箱内油位是否在允许的范围内，油温是否正常，冷却风扇是否正常运转；每月应定期清扫液压油冷却器及冷却风扇上的灰尘；每年应清洗液压油过滤装置；检查液压油的油质，如果失效变质应及时更换，所用油品应是机床制造厂要求品牌或已经确认可代用的品牌；每年检查调整一次主轴箱平衡缸的压力，使其符合出厂要求。

11. 机床气动系统的维护与保养

保证供给洁净的压缩空气，压缩空气中通常含有水分、油分和粉尘等杂质。水分会使管道、阀和气缸腐蚀；油液会使橡胶、塑料和密封材料变质；粉尘会造成阀体动作失灵。选用合适的过滤器可以清除压缩空气中的杂质，使用过滤器时应及时排除和清理积存的液体，否则当积存的液体接近挡水板时，气流仍可将积存物卷起。

12. 机床润滑部分的维护与保养

各润滑部位必须按润滑图定期加油，注入的润滑油必须清洁。润滑处应每周定期加油一次，找出耗油量的规律，发现供油减少时应及时通知维修工检修。操作者应随时注意 CRT 显示器上的运动轴监控画面，发现电流增大等异常现象时，及时通知维修工维修。维修工每年应进行一次润滑油分配装置的检查，发现油路堵塞或漏油应及时疏通或修复。底座里的润滑油必须加到油标的最高线，以保证润滑工作的正常进行。

13. 可编程机床控制器（PMC）的维护与保养

对 PMC 与 NC 完全集成在一起的系统，不必单独对 PMC 进行检查调整。对其他两种组态方式，应对 PMC 进行检查，主要检查 PMC 电源模块的电压输出是否正常；输入/输出模块的接线是否松动；输出模块内各路熔断器是否完好；后备电池的电压是否正常，必要时进行更换。对 PMC 输入/输出点的检查可利用 CRT 上的诊断画面用置位复位的方式检查，也可用运行功能试验程序的方法检查。

二、数控车床维护与保养（见表 2-2）

表 2-2 数控车床维护与保养

序号	检查周期	检查部位	检查内容
1	每天	导轨润滑机构	油标、润滑泵，每天使用前手动打油润滑导轨
2	每天	导轨	清理切屑及脏物，检查滑动导轨有无划痕，检查滚动导轨润滑情况
3	每天	液压系统	油箱泵有无异常噪声，工作油面高度是否合适，压力表指示是否正常，有无泄漏
4	每天	主轴润滑油箱	油量、油质、温度及有无泄漏
5	每天	液压平衡系统	工作是否正常
6	每天	气源、自动分水过滤器、自动干燥器	及时清理分水器中过滤出的水分，检查压力
7	每天	电器箱散热、通风装置	冷却风扇工作是否正常，过滤器有无堵塞，并及时清洗过滤器
8	每天	各种防护罩	有无松动、漏水，特别是导轨防护装置

续表

序号	检查周期	检查部位	检 查 内 容
9	每天	机床液压系统	液压泵有无噪声，压力表示数各接头有无松动，油面是否正常
10	每周	空气过滤器	坚持每周清洗一次，保持无尘、通畅，发现损坏及时更换
11	每周	各电气柜过滤网	清洗黏附的尘土
12	半年	滚珠丝杠	清洗丝杠上的旧润滑脂，换新润滑脂
13	半年	液压油路	清洗各类阀、过滤器，清洗油箱底，换油
14	半年	主轴润滑箱	清洗过滤器、油箱，更换润滑油
15	半年	各轴导轨上镶条，压紧滚轮	按说明书要求调整松紧状态
16	一年	检查和更换电动机碳刷	检查换向器表面，去除毛刺，吹净碳粉，磨损过多的碳刷应及时更换
17	一年	冷却油泵过滤器	清洗冷却油池，更换过滤器
18	不定期	主轴电动机冷却风扇	除尘，清理异物
19	不定期	运屑器	清理切屑，检查是否卡住
20	不定期	电源	供电网络大修，停电后检查电源的相序、电压
21	不定期	电动机传动带	调整传动带松紧
22	不定期	刀库	检查刀库定位情况及机械手相对主轴的位置
23	不定期	冷却液箱	随时检查液面高度，及时添加冷却液，太脏应及时更换

 拓展知识

（1）通过学习，谈谈数控车床与普通车床在工作原理上有什么区别？

（2）生产中要想保证数控车床的加工性能，你会怎样保养和维护？

 活动评价

根据自己在该任务中的学习表现，结合表2-3中的活动评价项目进行自我评价。

表2-3　活动评价

项目	评价内容	评价等级（学生自我评价）		
		A	B	C
关键能力评价项目	1. 安全意识强			
	2. 着装、仪容符合实习要求			
	3. 积极主动学习			
	4. 无消极怠工现象			
	5. 爱护公共财物和设备设施			
	6. 维护课堂纪律			
	7. 服从指挥和管理			
	8. 积极维护场地卫生			
专业能力评价项目	1. 书、本等学习用品准备充分			
	2. 工、量具选择及运用得当			
	3. 理论联系实际			
	4. 积极主动参与数控机床维护与保养训练			
	5. 严格遵守操作规程			
	6. 独立完成操作训练			
	7. 独立完成工作页			
	8. 学习和训练质量高			
教师评语		成绩评定		

任务三　台阶轴的加工

要进行数控机床的操作，首先要从操作面板入手。操作面板上有许多按钮，这些按钮究竟具有哪些功能呢？下面让我们一起来认识数控车床的机床面板，了解这些按钮的主要用途，并完成机床的开、关电源及刀架进给、主轴转动、程序编辑与管理等基本操作。

训练一　认识数控车床的操作面板

 任务学习目标

（1）了解数控车床操作面板的组成，熟悉数控车床系统操作面板和控制面板上各功能按钮的含义与用途。

（2）熟练掌握开机/关机、手轮/手动方式下刀架进给、手轮/手动/录入方式下主轴转动等数控车床的常用操作。

（3）熟练掌握程序的管理与编辑方式。

 任务实施课时

8 学时。

 任务实施流程

（1）导入新课。

（2）组织学生根据自身认识填写工作页。

（3）根据操作步骤要求，组织学生观看影像资料和示范操作。

（4）组织学生进行项目实际操作。

（5）巡回指导练习。

（6）结合实习要求和资料，对相关理论知识进行讲解。

（7）拓展问题讨论。

（8）学习任务考试。

（9）完成活动评价表。

（10）学习任务情况总结。

 任务所需器材

（1）设备：数控车床、装有 GSK980TD 仿真软件系统的电脑。

（2）工具：数控车床套筒、刀架扳手、加力杆等附件。

（3）辅具：影像资料、课件。

 课前导读

完成表 3－1 中内容。

表 3－1　课前导读

序号	实 施 内 容	答案选项		正确答案
1	GSK980T 是指_____。	A. 广州数控　　　B. 北京航天数控 C. 华中数控		
2	M 功能是指_____。	A. 辅助功能　　　B. 刀具功能 C. 进给功能		
3	⊙手轮此键是指_____。	A. 手动模式　　　B. 手轮模式 C. 增量模式		
4	开机后就可以直接按主轴正转按钮来启动吗？	A. 能	B. 不能	
5	⊙此键是指_____。	A. 循环启动　　　B. 程序停止 C. 暂停		
6	G98 表示每分钟进给。	A. 对	B. 错	
7	关机时，可以直接拉下电源总闸。	A. 对	B. 错	
8	刀架进给时，只能采用手动方式。	A. 对	B. 错	
9	能一次删除所有程序吗？	A. 能	B. 不能	
10	▣▸此键是指_____。	A. 快速指示灯　　B. 单段运行指示灯 C. 空运行指示灯		
11	◂▸此键是指_____。	A. 机床锁指示灯　　B. 辅助功能锁指示灯 C. 快速指示灯		
12	急停键和复位键功能是一样的。	A. 对	B. 错	
13	在加工时，不能编辑该程序。	A. 对	B. 错	
14	F 功能是指_____。	A. 辅助功能　　　B. 刀具功能 C. 进给功能		
15	T 功能是指_____。	A. 辅助功能　　　B. 刀具功能 C. 进给功能		
16	车床的电源接反了，刀架就不转。	A. 对	B. 错	
17	数控车床上使用的回转刀架是一种最简单的自动换刀装置。	A. 对	B. 错	
18	G97 状态，S300 指令是指恒线速主轴转速为 300r/min。	A. 对	B. 错	
19	执行换刀时必须使刀架离开工件。	A. 对	B. 错	

情景描述

　　期待已久的"真刀实枪"与数控车床亲密接触的第一次数控车工工艺与技能实习终于来临了！小马的心情非常激动，他深深地知道，好的开始是成功的一半，因此，对于这次数控车床操作面板的实习，他是相当投入的，本次实习小马都收获了什么知识呢，请看下面的内容。

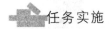
任务实施

任务实施一：开机、关机操作

开机、关机操作方法见表 3-2。

表 3-2　开机、关机操作

任务	操作步骤	按钮图标
开机	1. 打开电源总闸	
	2. 打开机床总电源	
	3. 数控系统上电	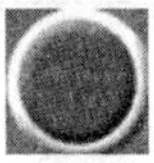
	4. 检查急停按钮是否松开	
关机	1. 手动或手轮方式下把工作台移到靠近尾座处	
	2. 按下急停按钮	
	3. 按下系统停止按钮	

任务	操 作 步 骤	按钮图标
关机	4. 切断机床电源	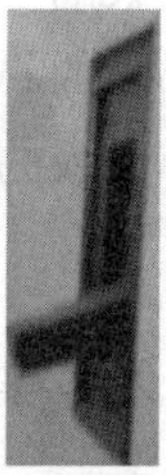
	5. 拉下电源总闸	

任务实施二：刀架进给

刀架进给方式有 3 种，分别是手动连续进给、快速进给和手轮进给。手动进给时，调整进给倍率修调按钮，可实现手动进给快慢的修调。刀架进给操作见表 3 – 3。

表 3 – 3　刀架进给操作

任务	操 作 步 骤	按钮图标
手动连续与快速进给	1. 在机床面板选择手动方式	
	2. 按住进给轴及方向选择键中的 X 轴方向键 或  ，可使 X 轴向负向或正向进给，松开按键时运动停止；按住 Z 轴方向键 或 ，可使 Z 轴向负向或正向进给，松开按键时运动停止；也可同时按住 X、Z 轴的方向选择键，实现两个轴的联动	
	3. 如果要快速进给，则按住进给轴及方向选择键中的 键，状态指示区的快速移动指示灯 亮，再按下进给轴的方向键，即可实现手动快速进给；当进行手动速度移动时，按 键，指示灯 熄灭，快速移动无效，以手动速度进给	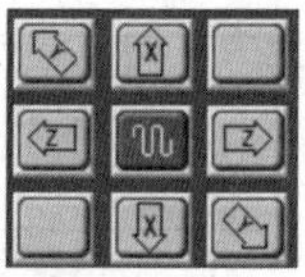

任务	操 作 步 骤	按钮图标
手轮 进给	1. 在机床面板选择手轮方式	
	2. 按 ▢、▢ 或 ▢ 键，选择移动增量，即手摇轮每转动1格滑板的移动量	
	3. 选择要移动的轴	
	4. 转动手摇脉冲发生器，使刀架按指定的方向和速度移动	

> **注意**：手轮切削进给过程中，要尽可能保持进给速度即手摇速度的一致性。
>
> 手动调整刀具时，要用手轮确定刀尖的正确位置；试切削时，要一边用手轮微调进给速度，一边观察切削情况。

任务实施三：换刀操作

装卸刀具、测量切削刀具的位置以及对工件进行试切削时，都要靠手动操作实现刀架的转位。换刀操作方法见表 3 – 4。

表 3 – 4　换刀操作

任务	操 作 步 骤	按钮图标
手动 换刀	1. 按手动或手轮键	
	2. 按换刀键，按顺序依次换刀	
录入方式换刀（以换2号刀为例）	1. 在机床面板按录入键，选择 MDI 方式	
	2. 按程序键并按翻页键进入显示 G、M、S、T、F 状态的"程序状态"页面	
	3. 输入"T0200"后按输入键	
	4. 按循环启动键，刀架转位，使指定的2号刀具置于加工位置	

> **注意**：对刀后不能使用手动换刀键，否则可能会导致对刀失败，刀补被清除；对刀时，要采用录入方式换刀。

任务实施四：主轴操作

通电后，可采用 MDI 录入方式操作主轴，亦可直接进行面板主轴操作。主轴操作方法见表 3 - 5。

表 3 - 5 主轴操作

任务	操 作 步 骤	按钮图标
面板主轴操作	1. 按手动或手轮键	
	2. 按主轴正转键，主轴正转	
	3. 按主轴停止键，主轴停止	
	4. 按主轴反转键，主轴反转	
MDI 录入方式主轴操作	1. 在机床面板按录入键，选择 MDI 方式	
	2. 按程序键并按翻页键进入"程序状态"页面	
	3. 输入"M03"按输入键，再输入"S560"按输入键	
	4. 按循环启动键，主轴正转	
	5. 输入"M05"后按输入键，再按循环启动键，主轴停止	

注意：通电后，首次操作要通过 MDI 方式操作主轴。

任务实施五：程序的管理与编辑

程序的管理与编辑方法见表 3 - 6。

表 3 - 6 程序的管理与编辑

任务	操 作 步 骤
建立新程序	1. 在机床面板按 编辑 键
	2. 按 PRG 键，输入地址 O，输入程序号（如 2012），按 EOB 键

续表

任务	操作步骤
调用内存中储存的程序	1. 在机床面板按 编辑 键
	2. 按 程序 PRG 键，输入地址 O，输入要调用的程序号（如 2012），按 ↓ 键
删除程序	1. 在机床面板按 编辑 键
	2. 按 程序 PRG 键，输入地址 O，输入要删除的程序号（如 2012），按 删除 DEL 键
删除程序段	1. 在机床面板按 编辑 键
	2. 按光标移动键 ↑ 或 ↓ 检索或扫描到要删除的程序段地址 N，按 删除 DEL 键

注意：（1）如果要删除内存储器中的所有程序，只要输 O - 9999，按 删除 DEL 键即可。
（2）建立新程序时，要注意建立的程序号应为内存储器内没有的程序号；而程序调用时，一定要调用内存储器中已存在的程序。

任务实施六：程序字操作

程序字操作方法见表 3 - 7，以下操作均在机床面板按 编辑 键，并按 程序 PRG 键，调用相关程序后进行。

表 3 - 7 程序字操作

任务	操作步骤
扫描程序字	按光标移动键 ↑ 或 ↓，光标将上移或下移一行；按光标移动键 ← 或 →，光标将左移或右移一列；按翻页键 ⇤ 或 ⇥，光标将向前或向后翻页显示
跳到程序开头	按 键可使光标跳到程序开头
插入一个程序字	扫描要插入位置前的字，键入要插入的地址字和数据，按 插入 键
字的替换	扫描到将要替换的字，键入要替换的地址字和数据，按 插入 键
字的删除	扫描到将要删除的字，按 删除 DEL 键
输入过程中字的取消	在程序字符输入过程中，如发现当前字符输入错误，则按一次 取消 CAN 键，删除一个当前输入的字符

续表

任 务	操 作 步 骤
新建一个程序，输入下列程序内容。 O2015; G00 X100 Z100; M3 S2 T0101; G01 X30 Z2; M30; 在此基础上进行下列操作： （1）查找地址字X30并改为X32； （2）在 M3 前插入 G98； （3）删除地址字Z2	建立程序的步骤 （1）在机床面板按 [编辑] 键进入编辑操作方式； （2）按 [PRG] 键进入程序界面，按 [圕] 或 [▤] 键进入程序内容显示页面； （3）依次键入地址键 [O] 及数字键 [2]、[0]、[1]、[5]； （4）按 [EOB] 键建立新程序； （5）按编制好的零件程序逐个输入，每输入一个字符，屏幕上立即显示输入的字符（复合键的处理是反复按此复合键，实现交替输入），一个程序段输入完毕，按 [EOB] 键结束； （6）按步骤（5）的方法可完成其他程序段的输入
	1 （1）在机床面板按 [编辑] 键进入编辑操作方式； （2）按 [PRG] 键显示程序内容页面； （3）按 [复位] 键，光标回到程序开头； （4）按 [CHG] 键进入查找状态，并输入欲查找的字符 "X30"，按 [↓] 键； （5）按 [替换] 键进入修改状态（光标为一矩形反选框），输入修改后的字符 [X]、[3]、[2]
	2 （1）按前面所述方法查找到字符 "M3"； （2）按 [插入] 键进入插入状态（光标为一下划线），输入插入的字符 [G]、[9]、[8]、[空格]
	3 （1）按前面所述方法查找到字符 "Z2"； （2）按 [DEL] 键

注意：程序、程序段和程序字的输入与编辑过程中出现的报警，可通过按复位键来消除。

相关知识

知识一　车床数控系统介绍

数控机床加工的全面普及已成为趋势，机械行业相关从业者更应当熟悉数控机床、控制系统及加工过程，不断提高自己的业务能力。国内外常见的数控车床系统有 FANUC、SIEMENS、华中数控和广州数控系统等。

1. FANUC 数控系统

FANUC 数控系统由日本富士通公司研制开发。当前，该数控系统在我国得到了广泛的应用。目前，在中国市场上，应用于车床的数控系统主要有 FANUC 18i TA/TB、FANUC 0i TA/TB/TC、FANUC 0 TD 等。FANUC 0i TA/TB/TC 数控车床系统操作界面如图 3 - 1 所示。

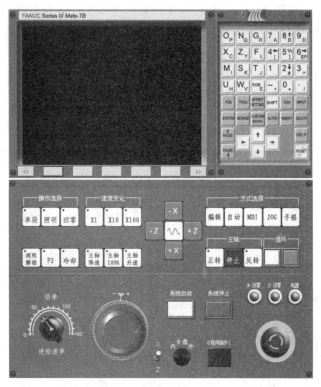

图 3 - 1　FANUC 0i TA/TB/TC 数控车床系统操作界面

2. 西门子数控系统

SIEMENS 数控系统由德国西门子公司开发研制，该系统我国数控机床中的应用也相当普遍。目前，在我国市场上，常用的数控系统除 SIMEMENS 840D/C、SIMEMENS 810T/M 等型号外，还有专门针对我国市场而开发的车床数控系统 SINUMERIK 802S/C base line、802D 等型号。其中 802S 系统采用步进电动机驱动，802C/D 系统则采用伺服驱动。SIEMENS 802D 车床数控系统操作界面如图 3 - 2 所示。

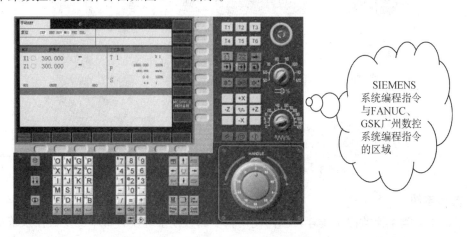

图 3 - 2　SIEMENS 802D 车床数控系统操作界面

3. 国产系统

自 20 世纪 80 年代初期开始，我国数控系统生产与研制得到了飞速的发展，并逐步形成了以航天数控集团、机电集团、华中数控、蓝天数控等以生产普及型数控系统为主的国有企业，以及北京的法那科、西门子数控（南京）有限公司等合资企业的基本力量。目前，常用于车床的数控系统有广州数控系统，如 GSK928T、GSK980TD（操作面板见图 3 - 3）等；华中数控系统，如 HNC - 21T（操作面板见图 3 - 4）等；北京航天数控系统，如 CASNUC 2100 等；南京仁和数控系统，如 RENHE - 32T/90T/100T 等。

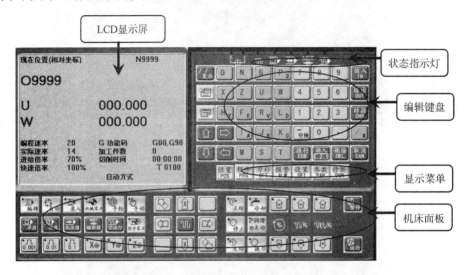

图 3 - 3　广州数控 GSK980TD 系统操作界面

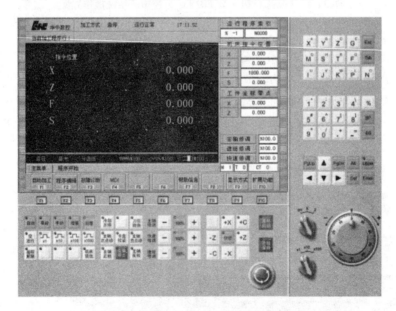

图 3 - 4　华中 HNC - 21T 系统操作界面

4. 其他系统

除了以上三类主流数控系统外，国内使用较多的数控系统还有日本三菱数控系统和大森数控系统，法国施耐德数控系统，西班牙的法格数控系统和美国的 A - B 数控系统等。

知识二　GSK980T 数控系统控制面板按键及功能介绍

　　数控车床操作面板是由 CRT/MDI 操作面板和用户操作键盘组成的。对于 CRT/MDI 操作面板，只要数控系统相同，则其都是相同的。对于用户操作面板，由于生产厂家不同而有所不同，主要是按钮和旋钮设置及编排方面有所不同，但操作方式大同小异，针对不同厂家的数控机床，操作时要灵活掌握。图 3-3 所示为 GSK980TD 数控车床操作面板，其上各种按键可执行不同功能的操作，辅之以 M、S、T、F 等相关指令，直接控制数控车床的动作。

1. 状态指示

状态指示键相关说明见表 3-8。

表 3-8　状态指示键相关说明

序号	键盘图标	功　　能
1		X、Z 轴回零结束指示灯
2		快速指示灯
3		单段运行指示灯
4		机床锁指示灯
5		辅助功能锁指示灯
6		空运行指示灯

2. 编辑键盘

编辑键相关说明见表 3-9。

表 3-9　编辑键相关说明

序号	键盘图标	功　　能
1		机床复位
2		软键 实现 CRT 中显示内容的向上翻页，软键 实现 CRT 中显示内容的向下翻页
3		移动 CRT 中的光标位置。软键 实现光标的向上移动，软键 实现光标的向下移动，软键 实现光标的向左移动，软键 实现光标的向右移动
4		实现字符的输入，对于双地址键，反复按键，可在两者间切换

续表

序号	键盘图标	功 能
5		实现数字的输入
6	空格、/#	双地址键，反复按键，可在两者间切换
7	·	小数点的输入
8	输入 IN	输入键，参数、补偿量等数据输入的确定
9	输出 OUT	启动通信输出
10	转换 CHG	转换键，信息、显示的切换
11	插入修改、删除 DEL、取消 CAN	编辑时程序、字段等的插入、修改、删除（插入修改 为复合键，反复按键，在两功能间切换）
12	换行 EOB	程序段结束符的输入

3. 显示菜单

显示菜单键相关说明见表 3 – 10。

表 3 – 10　显示菜单键相关说明

序号	菜单键	备 注
1	位置 POS	进入位置界面，位置界面有相对坐标、绝对坐标、综合坐标、坐标 & 程序等四个页面
2	程序 PRG	进入程序界面，程序界面有程序内容、程序目录、程序状态等三个页面
3	刀补 OFT	进入刀补界面、宏变量界面（反复按键可在两界面间转换）。刀补界面可显示刀具偏值，宏变量界面显示 CNC 宏变量
4	报警 ALM	进入报警界面。报警界面有 CNC 报警、PLC 报警两个页面
5	设置 SET	进入设置界面、图形界面（反复按键可在两界面间转换）。设置界面有开关设置、数据备份、权限设置；图形界面有图形设置和图形显示两页面
6	参数 PAR	进入状态参数、数据参数、螺补参数界面（反复按键，可在各界面间转换）
7	诊断 DGN	进入诊断页面。诊断页面有系统诊断、系统信息两个子页面。系统诊断页面可以查看 CNC 当前的诊断信息；系统信息页面可以查看产品信息、梯形图信息和梯形图状态

4. 机床面板

机床面板相关说明见表 3 – 11。

表 3 – 11　机床面板键相关说明

序号	按键	名称	功能说明	功能有效时操作方式
1		循环启动键	程序、MDI 代码运行启动	自动方式、录入方式
2		进给倍率键	进给速度的调整	自动方式、录入方式、编辑方式、机械回零、手轮方式、单步方式、手动方式、程序回零
3		快速倍率键	快速移动速度的调整	自动方式、录入方式、机械回零
4		主轴倍率键	主轴速度调整（主轴转速模拟制方式有效）	自动方式、录入方式、编辑方式、机械回零、手轮方式、单步方式、手动方式、程序回零
5		手动换刀键	手动换刀	机械回零、手轮方式、单步方式、手动方式、程序回零
6		点动开关键	主轴点动状态开/关	机械回零、手轮方式、单步方式、手动方式、程序回零
		润滑开关键	机床润滑开/关	
7		冷却液开关键	冷却液开/关	自动方式、录入方式、编辑方式、机械回零、手轮方式、单步方式、手动方式、程序回零
8		主轴控制键	主轴正转 主轴停止 主轴反转	机械回零、手轮方式、单步方式、手动方式、程序回零
9		手动进给键	手动、单步操作方式，X、Y、Z 轴正向/负向移动	机械回零、单步方式、手动方式、程序回零
10		手轮控制轴选择键	手轮操作方式，X、Y、Z 轴选择	手轮方式
11		手轮/单步增量选择与快速倍率选择键	手轮每格移动 0.001/0.01/0.1mm，单步每步移动 0.001/0.01/0.1mm，快速倍率 F0%、F50%、F100%	自动方式、录入方式、机械回零、手轮方式、单步方式、手动方式、程序回零

序号	按键	名称	功能说明	功能有效时操作方式
12		单段开关	程序单段运行/连续运行状态切换，单段有效时单段运行指示灯亮	自动方式、录入方式
13		程序段选跳开关程序	程序段首标有"/"号的程序段是否跳过状态切换，程序段选跳开关打开时，跳段指示灯亮	自动方式、录入方式
14		机床锁住开关	机床锁住时机床锁住指示灯点亮，X、Z轴输出无效	自动方式、录入方式、编辑方式、机械回零、手轮方式、单步方式、手动方式、程序回零
15		辅助功能锁住开关	空运行有效时空运行指示灯点亮，加工程序/MDI代码段空运行	自动方式、录入方式
16		空运行开关	空运行有效时空运行指示灯点亮，加工程序/MDI代码段空运行	自动方式、录入方式
17		编辑方式选择键	进入编辑操作方式	自动方式、录入方式、机械回零、手轮方式、单步方式、手动方式、程序回零
18		自动方式选择键	进入自动操作方式	录入方式、编辑方式、机械回零、手轮方式、单步方式、手动方式、程序回零
19		录入方式选择键	进入录入（MDI）操作方式	自动方式、编辑方式、机械回零、手轮方式、单步方式、手动方式、程序回零
20		机械回零方式选择键	进入机械回零操作方式	自动方式、录入方式、编辑方式、手轮方式、单步方式、手动方式、程序回零
21		单步/手轮方式选择键	进入单步或手轮操作方式（两种操作方式由参数选择其一）	自动方式、录入方式、编辑方式、机械回零、手动方式、程序回零
22		手动方式选择键	进入手动操作方式	自动方式、录入方式、编辑方式、机械回零、手轮方式、单步方式、程序回零
23		程序回零方式选择键	进入程序回零操作方式	自动方式、录入方式、编辑方式、机械回零、手轮方式、单步方式、手动方式

知识三　数控车床系统的主要功能

数控系统常用的系统功能有准备功能、辅助功能和其他功能三种，这些功能是编制数控程序的基础，它由规定的文字、数字和符号组成。

1. 准备功能

准备功能也叫 G 功能，是使数控机床做好某种操作准备的指令，它由地址 G 和后面的两位数字组成，ISO 标准中规定准备功能从 G00 至 G99 共 100 种，如 G01、G41 等。目前，随着数控系统功能的不断提高，有的数控系统已采用三位数的功能指令，如 SIEMENS 系统中的 G450、G451 等。准备功能用来规定数控轴的基本移动、程序暂停、刀具补偿、基准点返回和固定循环等多种加工操作。

虽然有从 G00 到 G99 共 100 种 G 指令，但并不是每种指令都有实际意义，实际上，有些指令在国际标准（ISO）或我国机械工业部标准中并没有指定功能，这些指令主要用于将来修改标准时指定新功能。还有一些指令，即使在修改标准时也永不指定功能，这些指令可由机床设计者根据需要定义其功能，但必须在机床的出厂说明书中予以说明。

G 代码的使用方法如下：

（1）非模态 G 代码——也叫一次性 G 代码，只有在被指令的程序段中有效。例如：G04（暂停）、G70 ~ G75（复合型车削固定循环）等指令。

（2）模态 G 代码——相应指令或字段的值，一旦指定就一直有效，直至被其他程序段重新指定或由同组的指令代替。模态指令一旦指定，以后的程序若使用相同功能，可以不必再次输入该指令或字段，例如 G00（快速定位），G01、G02、G03（插补），G90、G92、G94（单一固定循环）等指令。模态指令的出现，避免了在程序中出现大量的重复指令，使程序变得清晰、明了。同样地，尺寸功能字如出现前后程序段的重复，则该尺寸功能字也可以省略。

例如：

```
G01  X20  Z20  F150;
G01  X30  Z20  F150;
G02  X30  Z-20  R20  F100;
```

上例中有下划线的指令可以省略。因此，以上程序可写成如下形式：

```
G01  X20  Z20  F150;
     X30;
G02  Z-20  R20  F100;
```

（3）初态 G 代码——系统里面已经设置好的，一开机就进入的状态。在上电复位时，具有初态特性的指令不需要编程就有效。初态也是模态，例如 G98（每分钟进给）、G00（快速定位）等指令。

2. 辅助功能

辅助功能也叫 M 功能，它由地址 M 和后面的两位数字组成，从 M00 到 M99 共 100 种，这类指令主要是用于车床加工操作时的工艺性指令。如开、停冷却液，主轴正、反转，程序的结束等。常用的 M 指令有以下几种：

（1）M00：程序停止。在执行完 M00 指令程序段之后，主轴停转、进给停止、冷却液关闭、程序停止。当重新按下车床控制面板上的"循环启动"按钮之后，继续执行下一程序段。

（2）M02：程序结束。该指令用于程序全部结束，命令主轴停转、进给停止及冷却液关闭，常用于车床复位。

（3）M03、M04、M05：分别为主轴顺时针旋转、主轴逆时针旋转及主轴停转。

（4）M06：换刀。用于具有刀库的数控车床（如加工中心）的换刀。

（5）M08：冷却液开。

（6）M09：冷却液关。

（7）M30：程序结束并返回。在完成程序段的所有指令后，使主轴停转、进给停止并关闭冷却液，将程序指针返回到第一个程序段并停下来。

各种型号的数控装置具有辅助功能的多少差别很大，而且有许多是自定义的，必须根据说明书的规定进行编程。同一程序段中，既有 M 指令又有其他指令时，M 指令与其他指令执行的先后次序由机床系统参数设定。因此，为保证程序以正确的次序执行，有一些 M 指令（如 M30、M02、M98）等最好以单独的程序段进行编程。

3. 其他功能

1）坐标功能

坐标功能字（又称尺寸功能字）用来设定机床各坐标的位移量。它一般使用 X、Y、Z、U、V、W、P、Q、R（用于指定直线坐标尺寸）与 A、B、C、D、E（用于指定角度坐标）和 I、J、K（用于指定圆心坐标点位置尺寸）等地址为首，在地址符号后紧跟"＋"或"－"及一串数字，如 X100.0、A＋30.0 和 I－10.0 等。

2）进给功能

进给功能又称 F 功能，用来指定刀具相对于工件运动的速度，由地址 F 和其后缀数字组成。根据加工的需要，进给功能分每分钟进给和每转进给两种。

（1）每分钟进给（G98）。直线运动的单位为毫米/分钟（mm/min），通过准备功能字 G98 来指定，系统在执行了一条含有 G98 的程序段后，再遇到 F 指令时，便认为 F 所指定的进给速度单位为 mm/min。如 F80 表示进给速度为 80mm/min。

G98 被执行一次后，系统将保持 G98 状态，即使断电也不受影响，直到系统又执行了含有 G99 的程序段，G98 被取消，而 G99 将发生作用。

（2）每转进给（G99）。在加工螺纹、镗孔过程中，常使用每转进给来指定进给速度，其指定的进给速度单位为毫米/转（mm/r），通过准备功能字 G99 来指定。若系统处于 G99 状态，则认为 F 所指定的进给速度单位为 mm/r，如 F0.2 表示进给速度为 0.2mm/r。

要取消 G99 状态，必须重新指定 G98。编程时，进给速度不允许用负值来表示，一般也不允许用 F0 来控制进给停止。但在实际操作过程中，可通过机床面板上的进给倍率开关来对进给速度值进行修正。因此，通过倍率开关，可以控制进给速度的值为 0。

3）主轴功能

用来控制主轴转速的功能称为主轴功能，亦称 S 功能，是用字母 S 和其后面的数字表示的。根据加工的需要，主轴的转速功能分为恒线速度 V 和主轴转速 S 两种。

（1）转速 S 指令。转速 S 指令数值的单位是转/分钟（r/min），用准备功能 G97 来指定。此时，S 指令的数值表示主轴每分钟的转数。

例如：G97 S1500；　　表示主轴转速为 1 500r/min。

（2）恒线速度 V 指令。在车削表面粗糙度要求十分均匀的变径表面时，为保证工件表面质量，主轴常用恒线速度来指定。此时，车刀刀尖处的切削速度（线速度）随着刀尖所处直径的不同位置而相应地自动调整转速。这种功能即称为恒线速度。恒线速度的单位为米/分钟（m/min），由准备功能 G96 来指定。

例如：G96 S200；　　表示其恒线速度值为 200m/min。

当需要恢复恒定转速时，可用 G97 指令对其注销，如 G97 S1200；。

（3）线速度 V 与转速 n 之间的关系。

如图 3 - 5 所示，线速度 V 与转速 n 之间可以相互换算，其换算关系如下：

$$V = \pi D n / 1\ 000$$

$$n = 1\ 000 V / \pi D$$

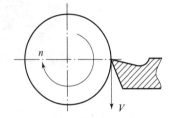

图 3 - 5　线速度与
转速的关系

式中，V——切削线速度，单位为 m/min；

　　　D——工件直径，单位为 mm；

　　　n——主轴转速，单位为 r/min。

（4）最高转速限定（G50）。采用恒线速度进行编程时，为防止转速过高引起的事故，很多系统都设有最高转速限定指令。G50 除有坐标系设定功能外，还有主轴最高转速设定的功能，即用 S 指定的数值设定主轴每分钟的最高转速。

例如：G50　S2000；　　表示把主轴最高转速设定为 2 000r/min

（5）主轴的启、停。在程序中，主轴的正转、反转、停止由辅助功能 M03/M04/M05 进行控制。其中，M03 表示主轴正转，M04 表示主轴反转，M05 表示主轴停止。

例如：G97 M03 S300；　　表示主轴正转，转速为 300r/min。

　　　M05；　　　　　　表示主轴停止。

4）刀具功能（T 功能）

刀具功能是系统进行选刀和换刀的功能指令，亦称 T 功能。刀具功能用地址 T 及后缀的数字来表示，常用刀具功能指定方法有 T4 位数法和 T2 位数法。

（1）T4 位数法。T4 位数法可以同时指定刀具和选择刀具补偿，其四位数的前两位数用于指定刀具号，后两位数用于指定刀具补偿存储器号，刀具号与刀具补偿存储器号不一定要相同。目前，大多数数控车床采用 T4 位数法。

例如：T0101 表示选用 1 号刀具及选用 1 号刀具补偿存储器中的补偿值；

　　　T0102 表示选用 1 号刀具及选用 2 号刀具补偿存储器中的补偿值；

　　　T0300 表示选用 3 号刀，无刀补。

（2）T2 位数法。T2 位数法仅能指定刀具号，刀具存储器号则由其他代码（如 D 或 H 代码）进行选择。同样，刀具号与刀具补偿存储器号不一定要相同。目前，绝大多数加工中心采用 T2 位数法。

如 T05 D01 表示选用 5 号刀具及选用 1 号刀具补偿存储器号中的补偿值。

移动指令和 T 代码在同一程序段中时，移动指令和 T 代码同时开始执行。

拓展知识

（1）图3-6所示为操作面板部分功能键，写出各部分功能键的名称。

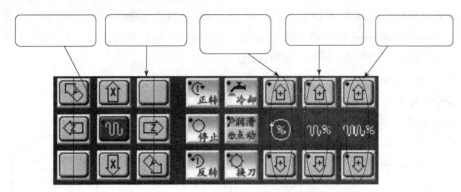

图3-6　操作面板部分功能键

（2）GSK980TD有位置界面、程序界面等9个界面，每个界面下有多个显示页面。其中位置界面的页面层次结构如图3-7所示，请在空白矩形框中填写相应的文字。

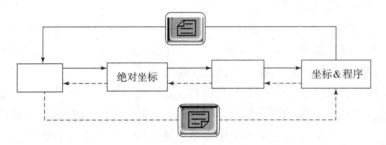

图3-7　位置界面页面层次结构

（3）请将下列程序输入数控车床系统

O0050;

G50 X100 Z50;

M03 S02;

G00 X48 Z30;

M30;

在此基础上进行下列操作：

①改地址字 Z50 为 Z100；

②在 S02 前插入 G98；

③删除地址字 X48。

（4）试述录入方式下换刀的方法及步骤。

（5）常用的车床数控系统有哪些？

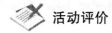 **活动评价**

评价内容与实际比对，能做到的根据程度量在表 3 – 12 相应等级栏中打√号。

表 3 – 12 活动评价表

项目	评价内容	评价等级（学生自我评价）		
		A	B	C
关键能力评价项目	1. 安全意识强			
	2. 着装、仪容符合实习要求			
	3. 积极主动学习			
	4. 无消极怠工现象			
	5. 爱护公共财物和设备设施			
	6. 维护课堂纪律			
	7. 服从指挥和管理			
	8. 积极维护场地卫生			
专业能力评价项目	1. 书、本等学习用品准备充分			
	2. 工、量具选择及运用得当			
	3. 理论联系实际			
	4. 积极参与操作面板的实习训练			
	5. 严格遵守操作规程			
	6. 独立完成操作训练			
	7. 独立完成工作页			
	8. 学习和训练质量高			
教师评语		成绩评定		

训练二 数控车床的对刀

对刀操作亦是数控车床加工必须掌握的基本操作之一，在整个加工过程中的作用非常重要，将直接影响加工的精度。若对刀错误，则有发生生产事故的危险，会直接危害机床和操作者的安全，所以要规范、正确、熟练掌握数控车床的对刀方法。

任务学习目标

（1）了解完成本任务要涉及数控车床的坐标系、数控车床坐标系中的各原点、工件坐标系等概念；明确刀位点与手动对刀原理和对刀方法等理论知识。

（2）正确安装刀具与工件。

（3）进一步熟悉数控车床操作面板，正确建立工件坐标系并熟练掌握试切对刀的方法与步骤。

 任务实施课时

8课时。

 任务实施流程

（1）导入新课。

（2）组织学生根据自身认识填写工作页。

（3）根据操作步骤要求，组织学生观看影像资料和示范操作。

（4）组织学生进行项目实际操作。

（5）巡回指导练习。

（6）结合实习要求和资料，对相关理论知识进行讲解。

（7）拓展问题讨论。

（8）学习任务考试。

（9）完成活动评价表。

（10）学习任务情况总结。

 任务所需器材

（1）设备：数控车床、装有GSK980TD仿真软件系统的电脑。

（2）工具：数控车床套筒、刀架扳手、加力杆等附件；90°外圆车刀、60°螺纹车刀、B（刃宽）=3mm切断刀若干套；0～150mm游标卡尺、0～25mm千分尺若干把。

（3）辅具：影像资料、课件。

请完成表3-13中内容。

表3-13　课前导读

序号	实施内容	答案选项	正确答案
1	在数控车床中为了提高径向尺寸精度，X向的脉冲当量取为Z向的_____。	A. 1/2　　　　B. 1/3 C. 2/3　　　　D. 1/4	
2	加工程序结束之前必须使系统（刀尖位置）返回到_____。	A. 加工原点 B. 工件坐标系原点 C. 机械原点 D. 机床坐标系原点	
3	在车床数控系统中，混合编程是指在同一程序中可同时使用_____。	A. G00 G01　　　B. X、W C. F、S、T　　　D. M	

续表

序号	实 施 内 容	答案选项	正确答案
4	在 GSK928 数控系统中，G27 指令执行后将消除系统的_____。	A. 系统坐标偏置 B. 刀具偏置 C. 系统坐标偏置和刀具偏置	
5	GSK980T 数控系统车床可以控制_____个坐标轴。	A. 1　　　　　B. 2 C. 3　　　　　D. 4	
6	所谓对刀就是在手动方式下按照 CNC 系统的操作得出各把刀的长度偏置。	A. 对　　　　　B. 错	
7	在任何系统的程序中，既可以用绝对值编程，又可以用增量值编程。	A. 对　　　　　B. 错	
8	X、Z 值是模态的。	A. 对　　　　　B. 错	
9	三相步进电动机的步距角是 1.5°，若步进电动机通电频率为 2 000Hz，则步进电动机的转速为_____ r/min。	A. 300　　　　B. 150 C. 50　　　　　D. 100	
10	由外圆向中心进给车端面时，切削速度_____。	A. 由低到高　　B. 不变 C. 变小	
11	精车刀修光刃的长度应_____进给量。	A. 大于　　　　B. 等于 C. 小于	
12	尽管毛坯表面的重复定位精度差，但对粗加工精度基本无影响。	A. 对　　　　　B. 错	
13	在标准公差等级中，IT18 级公差等级最高。	A. 对　　　　　B. 错	
14	机械效率值永远是_____。	A. 小于1　　　B. 大于1 C. 等于1　　　D. 负数	
15	对切削抗力影响最大的是_____。	A. 工件材料　　B. 切削深度 C. 刀具角度	
16	数控车床上使用的回转刀架是一种最简单的自动换刀装置。	A. 对　　　　　B. 错	
17	工件应在夹紧后定位。	A. 对　　　　　B. 错	
18	含碳量在 0.25% ~0.6% 的钢，称为_____。	A. 低碳钢　　　B. 中碳钢 C. 高碳钢　　　D. 合金钢	

情 景 描 述

近几天，小马一直在思考一个问题：在零件的加工过程中，需要用到多把刀具，而每把刀具的安装位置是不一样的。数控车床是如何做到无论调用哪把刀具，其刀尖的开始切入点都处于同一点的坐标位置的，否则各刀具按程序加工的实际轨迹就会不一致。这个困扰小马多天的问题，在今天的对刀课实习中终于得到了解答。

任务实施

任务实施一：车刀的装夹

（1）根据刀具卡，准备好加工要用的刀具，机夹式刀具要认真检查刀片与刀体的接触和安装是否正确无误，螺钉是否已经拧牢固。

（2）按照刀具卡的刀号分别将相应的刀具安装在刀架上。装刀时要一把一把地装，通过试切工件的端面，不断地调整垫刀片的高度，保证刀具的切削刃与工件的中心在同一高度上，然后将刀具压紧。

注意刀具与刀号的关系一定要和刀具卡一致，如果相应的刀具错误，将会发生碰撞危险，造成工件报废、机床受损，甚至造成人身伤害。

任务实施二：加工坐标系的建立（工件原点设定在工件右端面的回转中心）

加工坐标系的建立见表 3 - 14。

表 3 - 14　加工坐标系的建立

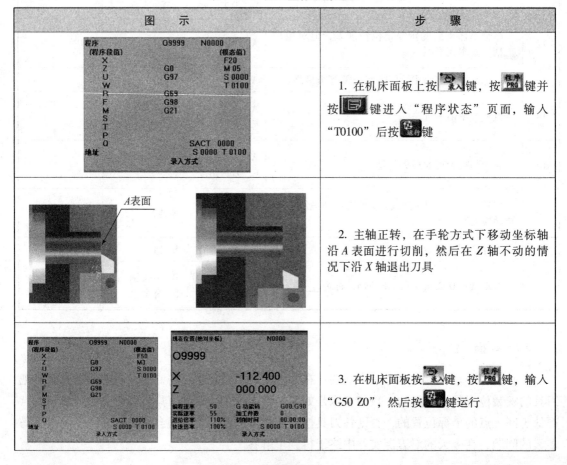

图　　示	步　　骤
	1. 在机床面板上按▢键，按▢键并按▢键进入"程序状态"页面，输入"T0100"后按▢键
	2. 主轴正转，在手轮方式下移动坐标轴沿 A 表面进行切削，然后在 Z 轴不动的情况下沿 X 轴退出刀具
	3. 在机床面板按▢键，按▢键，输入"G50 Z0"，然后按▢键运行

续表

图　示	步　骤
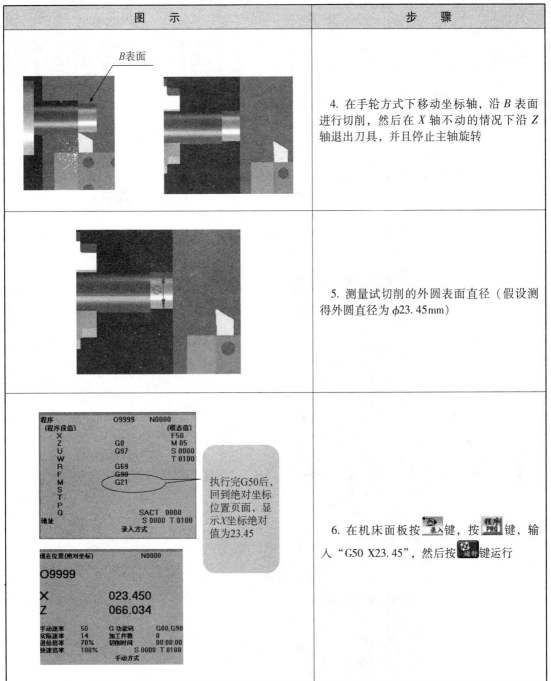	4. 在手轮方式下移动坐标轴，沿 B 表面进行切削，然后在 X 轴不动的情况下沿 Z 轴退出刀具，并且停止主轴旋转
	5. 测量试切削的外圆表面直径（假设测得外圆直径为 $\phi23.45$ mm）
	6. 在机床面板按 ![录入]键，按 ![程序PRG]键，输入"G50 X23.45"，然后按 ![运行]键运行

任务实施三：试切对刀

试切对刀的操作方法见表 3 – 15。

表 3 – 15　试切对刀的操作方法

项目	图　　示	操作步骤
对基准刀		用基准刀先建立加工坐标系，操作流程如 G50 设定工件编程原点的方法及步骤
对切断刀	程序　　　　　　　O9999　　N0000 （程序段值）　　　　（模态值） X　　　　　　　　　　　　　　F50 Z　　　　　　　　G0　　　　M 03 U　　　　　　　　G97　　　S 0000 W　　　　　　　　G69　　　T 0200 R　　　　　　　　G98 F　　　　　　　　G21 M S T P Q 　　　　　　　SACT　0000 　　　　　　　S 0000　T 0200 单步方式 对刀前，在录入方式下换刀，取消刀具偏置	1. 在机床面板按 [录入] 键，按 [程序PRG] 键并按 [目录] 键进入"程序状态"页面，输入"T0200"后按 [运行] 键
		2. 切断刀主切削刃接触工件外径（假设工件外径为 $\phi47.55\text{mm}$）
	偏置　　　　　　　O9999　　N9999 序号　　X　　　　Z　　　　R 100　　　0　　　　0　　　　0 101　　　0　　　　0　　　　0 _102　 -10.348　 0　　　　0 103　　　0　　　　0　　　　0 104　　　0　　　　0　　　　0 105　　　0　　　　0　　　　0 106　　　0　　　　0　　　　0 107　　　0　　　　0　　　　0 108　　　0　　　　0　　　　0 现在位置　相对坐标 U　　　　　　　　　　　　-143.487 -222.798 W 地址　　　　　　　S 0000　T 0200 手动方式	3. 按 [刀补OFT] 键，按 [目录] 键，再按 [↓] 键，将光标移动到 102 的位置，输入"X47.55"
	操作提示：主轴须处于正转状态	4. 切断刀左刀尖切削刃接触工件左端面

续表

项目	图　　示	操作步骤
对切断刀	偏置　　　　　　　O9999　N9999 序号　　X　　　Z　　　　R 100　　0　　　0　　　　0 101　　0　　　0　　　　0 _102　-10.348　7.042　　0 103　　0　　　0　　　　0 104　　0　　　0　　　　0 105　　0　　　0　　　　0 106　　0　　　0　　　　0 107　　0　　　0　　　　0 108　　0　　　0　　　　0 现在位置　　相对坐标 U　　　-239.542 W　　　　-136.117 地址　　　　　　　　S 0000　T 0200 　　　　　单步方式	5. 按 ![刀补OFT] 键，按 ![目录] 键，再按 ![↓] 键，将光标移动到 102 的位置，输入 "Z3.0"（切断刀刃宽 $B=3mm$，本次对刀刀位点为右刀尖）
对螺纹刀	程序　　　　　　　O9999　N0000 （程序段值）　　　　　　　（模态值） X　　　　　　　　　　　　F50 Z　　　　　G0　　　　　M3 U　　　　　G97　　　　S 0000 W　　　　　　　　　　　T 0300 R　　　　　G69 F　　　　　G98 M　　　　　G21 S T P Q　　　　　　　　　SACT　0000 地址　　　　　　　　S 0000　T 0300 　　　　　录入方式	1. 在机床面板按 ![录入] 键，按 ![程序PRG] 键并按 ![目录] 键进入"程序状态"页面。输入"T0300"后按 ![切换] 键
		2. 螺纹刀刀尖接触工件外径（如前所示，假设工件外径为 $\phi47.55mm$）
	偏置　　　　　　　O9999　N0000 序号　　X　　　Z　　　　R 100　　0　　　0　　　　0 101　　0　　　0　　　　0 102　-10.348　7.042　　0 _103　39.998　0　　　　0 104　　0　　　0　　　　0 105　　0　　　0　　　　0 106　　0　　　0　　　　0 107　　0　　　0　　　　0 108　　0　　　0　　　　0 现在位置　　相对坐标 U　　　-212.452 W　　　　-146.817 地址　　　　　　　　S 0000　T 0300 　　　　　手动方式	3. 按 ![刀补OFT] 键，按 ![目录] 键，再按 ![↓] 键，将光标移动到 103 的位置，输入 "X47.55"

续表

项目	图 示	操作步骤
对螺纹刀	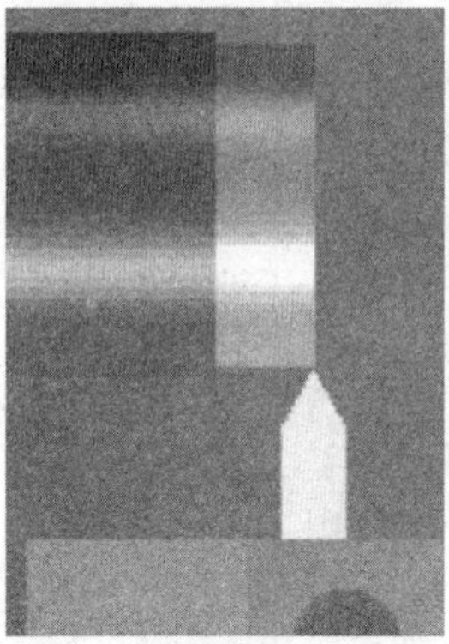	4. 目测螺纹刀刀尖对正工件左端面
	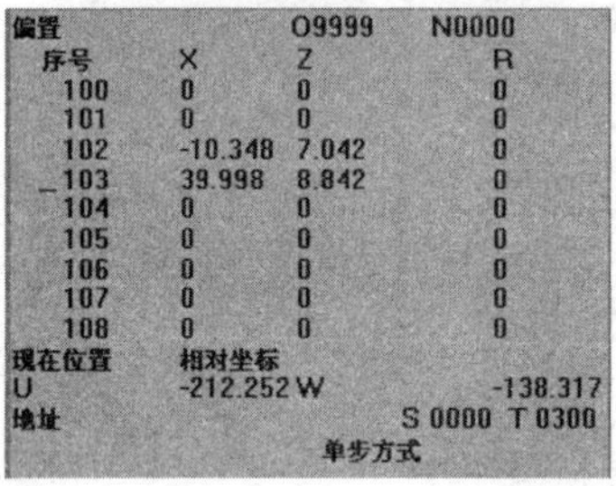 偏置 O9999 N0000 序号 X Z R 100 0 0 0 101 0 0 0 102 -10.348 7.042 0 103 39.998 8.842 0 104 0 0 0 105 0 0 0 106 0 0 0 107 0 0 0 108 0 0 0 现在位置 相对坐标 U -212.252 W -138.317 地址 S 0000 T 0300 单步方式	 5. 按 刀补 OFT 键, 按  键, 再按  键, 将光标移动到 103 的位置, 输入 "Z0"
校验刀具偏置参数		在 MDI 方式下选刀, 并调用刀具偏置补偿, 在 POS 画面下, 手动移动刀具靠近工件, 观察刀具与工件间的实际相对位置, 对照屏幕显示的绝对坐标, 判断刀具偏置参数设定是否正确

知识一 数控车床的坐标系

数控车床的坐标系统, 包括坐标原点、坐标轴和运动方向。建立车床坐标系的作用是确定刀具或工件在车床中的位置, 以及确定车床运动部件的位置及其运动范围。

1. 车床坐标系

1) 车床坐标系的规定

为了简化编程和保证程序的通用性, 国际上已经对数控机床的坐标系和方向命名制定了统一的标准。数控车床的坐标系采用右手笛卡尔直角坐标系, 如图 3 – 8 所示。基本坐标轴为 X、Y、Z, 相对于每个坐标轴的旋转运动坐标轴为 A、B、C。右手的大拇指、食指和中指保持相互垂直, 大拇指方向为 X 轴的正方向, 食指方向为 Y 轴的正方向, 中指方向为 Z 轴的正方向。车床的运动方向如图 3 – 9 所示。

2) 车床坐标系的方向

数控车床的加工动作主要分为刀具的运动和工件的运动两部分。因此, 在确定车床坐标

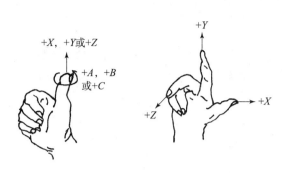

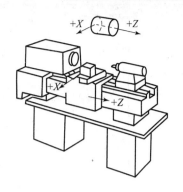

图 3 - 8　右手笛卡尔直角坐标系　　　　图 3 - 9　车床运动方向

系的方向时规定：永远假定刀具相对静止的工件而运动。对于车床坐标系的方向，统一规定增大工件与刀具间距离的方向为正方向。

（1）Z 轴的确定。Z 轴定义为平行于车床主轴的坐标轴，其正方向为刀具远离工件的方向。

（2）X 轴的确定。X 轴一般为水平方向并垂直于 Z 轴。数控车床的 X 坐标方向在工件的径向上且平行于车床的横滑座。同时也规定刀具离开工件旋转中心的方向为 X 轴正方向。

（3）Y 轴的确定。Y 轴垂直于 X、Z 坐标轴。当 X 轴、Z 轴确定之后，按笛卡尔直角坐标系右手定则法来确定。

> **注意**：普通数控车床没有 Y 轴方向的移动，但 $+Y$ 轴方向在判断圆弧顺逆及判断刀补方向时起作用。

（4）旋转坐标轴 A、B 和 C。旋转坐标轴 A、B 和 C 的正方向相应地在 X、Y、Z 坐标轴正方向上，按右手螺旋前进的方向来确定。

数控车床上两个运动的正方向如图 3 - 9 所示。

2. 车床原点与车床参考点

1）车床原点

车床原点又称机械原点，是车床上设置的一个固定点，即车床坐标系的原点。它在机床装配、调试时就已经调整好，一般情况下，不允许用户进行更改。车床原点是数控车床进行加工或位移的基准点。一般数控车床的车床原点设置在主轴旋转中心与卡盘后端面的交点处，如图 3 - 10 所示。

2）车床参考点

车床参考点是数控车床上的一个固定点，它用机械挡块或电气装置来限制刀架移动的极限位置。对于大多数数控车床，开机第一步总是先使车床返回参考点（即所谓的机械回零）。当车床处于参考点位置时，系统显示屏上的车床坐标系显示系统参数中设定的数值（即参考点与车床原点的距离值）。开机回参考点的目的就是建立车床坐标系，即通过参考点当前的位置和系统参数中设定的参考点与车床原点的距离值（图 3 - 11 中的 a 和 b）来反推出车床原点的位置。机床坐标系一经建立后，只要机床不断电，将永远保持不变，且不能通过编程来对它进行改变。

图 3 - 10　车床原点位于卡盘中心

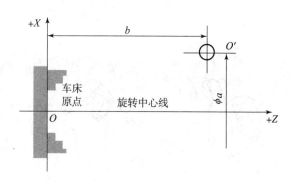

图 3 - 11　车床参考点

3. 工件坐标系

1）工件坐标系

车床坐标系的建立保证了刀具在机床上的正确运动。但是，加工程序的编制通常是针对某一工件并根据零件图样进行的。为了便于尺寸计算与检查，加工程序的坐标原点一般都尽量与零件图样的尺寸基准相一致。这种针对某一工件并根据零件图样建立的坐标系称为工件坐标系。

2）工件坐标系原点

工件坐标系原点亦称编程原点，该点是指工件装夹完成后，选择工件上的某一点作为编程或工件加工的基准点。数控车床工件坐标系原点选取如图 3 - 12 所示。X 向一般选在工件的回转中心，而 Z 向一般选在完工工件的右端面（O' 点）或左端面（O 点）。采用左端面作为 Z 向工件坐标系原点时，有利于保证工件的总长；而采用右端面作为 Z 向工件坐标系原点时，则有利于对刀。

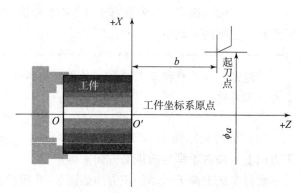

图 3 - 12　工件坐标系原点

3）程序原点

程序原点是指刀具执行程序运行时的起点，也叫程序起点，即图 3 - 12 中的起刀点。程序原点的位置与工件编程原点相关，也就是在设置工件编程原点时，同时设置程序的原点。在执行程序加工时，刀具从程序原点出发，程序结束时，刀具又回到程序原点，等待加工下一个相同零件。如果在程序加工中出现某个技术问题，在处理后也可让刀具返回到程序原点，重新开始程序的加工。

知识二　加工坐标系的设定

G50 为设定工件坐标系，也称编程坐标系。其设定格式为

G50　Xα　Zβ；

程序中，Xα，Zβ——基准刀具试切时，对刀点到工件坐标系原点的有向距离。

G50 指令建立工件坐标系后，数控系统会记忆基准刀对刀点坐标值为（$X\alpha$，$Z\beta$）的坐标系，其后的加工程序就在此坐标系中运行。该指令建立坐标系时，刀具并没有产生运动，但系统会自动存储用来建立工件坐标系的基准刀具的补偿值。G50 为非模态指令，执行一次建立一个工件坐标系。

如图 3 - 13 所示，起刀点的位置可用 G50 设置为："G50　X80　Z60;"。

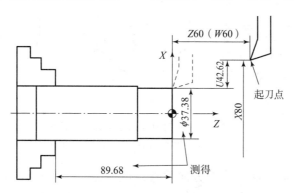

图 3 - 13　工件坐标系的设定

知识三　车刀的装夹

将车刀装夹在刀架上，这一操作过程就是车刀的装夹。车刀安装得正确与否，将直接影响切削能否顺利进行和工件的加工质量。安装车刀时，应注意下列几个问题：

（1）车刀安装在刀架上，伸出部分不宜太长，伸出量一般为刀杆高度的 1～1.5 倍。伸出过长会使刀杆刚性变差，切削时易产生振动，影响工件的表面粗糙度。

（2）车刀垫铁要平整，数量要少，垫铁应与刀架对齐。车刀至少要用两个螺钉压紧在刀架上，并逐个轮流拧紧，如图 3 - 14 所示。

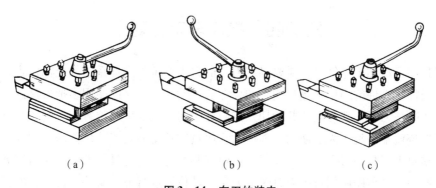

（a）　　　　　　　　　　（b）　　　　　　　　　　（c）

图 3 - 14　车刀的装夹

（a）正确；（b），（c）不正确

（3）车刀刀尖应与工件轴线等高 ［见图 3 - 15（a）］，否则会因基面和切削平面的位置发生变化，而改变车刀工作时的前角和后角的数值。当车刀刀尖高于工件轴线 ［见图 3 - 15（b）］ 时，会使后角减小，从而增大车刀后刀面与工件间的摩擦；当车刀刀尖低于工件轴线

[见图 3 – 15（c）] 时，会使前角减小、切削力增加，导致切削不顺利。

车端面时，若车刀刀尖高于或低于工件中心，则车削后工件端面中心处会留有凸头。使用硬质合金车刀时如不注意这一点，车削到中心处会使刀尖崩碎。

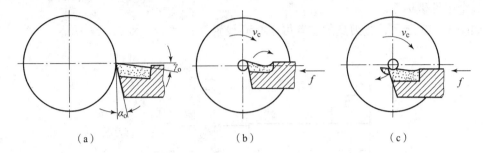

图 3 – 15　车刀刀尖与工件轴线的位置
（a）等高；（b）高于工件轴线；（c）低于工件轴线

（4）车刀刀杆中心线应与进给方向垂直，否则会使主偏角和副偏角的数值发生变化，如图 3 – 16 所示。如螺纹车刀安装歪斜，会使螺纹牙型半角产生误差。

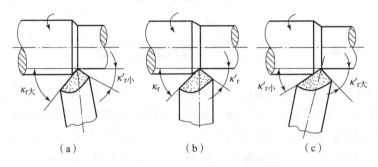

图 3 – 16　车刀装偏对主副偏角的影响
（a）κ_r 增大；（b）装夹正确；（c）κ_r 减小

知识四　数控车床的对刀

在用程序自动加工零件时，需要确定刀具的刀尖在工件坐标系中的坐标位置，使刀尖的运动轨迹与加工零件的编程轨迹相同。如果在零件的加工程序中使用多把刀具进行加工，要求无论调用哪把刀具，其刀尖的开始切入点应处于同一点的坐标位置，否则各刀具按程序加工的实际轨迹就不一致。为了使加工零件的程序轨迹不受刀具安装位置的影响，必须在程序加工前调整每把刀具的刀尖对准工件某一点位置，并将每把刀具的刀尖偏移值存储到对应刀号的存储器中。当程序调用每把刀具时，刀架在转位后进行刀具偏移，使刀具的刀尖位置重合在同一换刀点（即程序原点），这个确定刀具的刀尖在工件坐标中某点坐标位置的过程称为对刀。

1. 数控车床对刀的方法

1）定点对刀法

在某些数控车床上配有专用的对刀装置，将刀架上装好的刀具移动，使刀尖对准对刀装置上的基准点，操作面板上就会显示刀尖的高度及刀尖在 X 和 Z 坐标方向的偏移值，然后将该偏移值输入到刀补存储器的对应刀具补偿号下。不同的数控车床，其对刀操作方法不尽相同。

2）光学对刀法

将刀具安装在刀具预调仪定位装置中，通过光学测量装置测出刀尖点在 X 和 Z 坐标方向的偏移值，记录并手动输入到数控车床刀补存储器中的相应刀补号下。此方法要注意，刀架上的刀具定位装置与预调仪上的定位装置原理应相同，否则会产生刀具安装误差，使对刀不准。

3）试切对刀法

在没有专用刀具预调仪和机床上无对刀装置的情况下，可采用试切对刀法。试切对刀法是先用基准刀试切端面和外圆建立工件坐标系，然后移动其他刀具的刀尖与基准刀试切的基面对准，输入试切表面的实测尺寸，数控系统会自动计算出其与基准刀的差值作为该把刀的偏移值。

2. 换刀点

所谓换刀点是指刀架自动转位时的位置。对于大部分数控车床来说，其换刀点的位置是任意的。换刀点应选在刀具交换过程中与工件或夹具不发生干涉的位置。一般情况下，此位置就是该加工程序的起刀点，也就是前面所介绍的程序原点。

3. 刀位点

在数控编程过程中，为使编程工作更加方便，通常将数控刀具的刀尖假想成一个点，该点称为刀位点或刀尖点。刀位点是表示刀具特征的点，也是对刀和加工的基准点。对于尖形车刀，刀位点一般为刀具刀尖；对于圆弧车刀，刀位点在圆弧圆心。各类数控车刀的刀位点如图 3 – 17 所示。

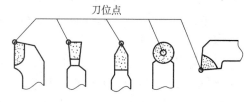

图 3 – 17　各类数控车刀的刀位点

4. 刀具偏置补偿

对数控车床的对刀操作，目前普遍采用刀具几何偏置的方法进行。

在编程时，设定刀架上各刀在工作位时，其刀尖位置是一致的。但由于刀具的几何形状及安装的不同，其刀尖位置是不一致的，其相对于工件原点的距离也是不同的。因此，需要将各刀具的位置值进行比较或设定，称为刀具偏置补偿。刀具偏置补偿可使加工程序不随刀尖位置的不同而改变。

1）相对补偿形式

如图 3 – 18（a）所示，在对刀时，确定 T01 号刀为标准刀具，并以其刀尖位置 A 为依据，通过对刀，输入刀偏值建立坐标系。这样，当其他各刀转到加工位置时，刀尖位置 B 相对标准刀刀尖位置 A 就会出现偏置，原来建立的坐标系就不再适用。因此应对非标准刀具相对于标准刀具之间的偏置值 ΔX、ΔZ 进行补偿，使刀尖位置 B 移至刀尖位置 A。

2）绝对补偿形式

如图 3 – 18（b）所示，即工件坐标零点相对于刀架工作位上各刀刀尖位置的有向距离。当执行刀偏补偿时，各刀以此值设定各自的加工坐标系。

移动指令和 T 代码在同一程序段中时，移动指令和 T 代码同时开始执行。

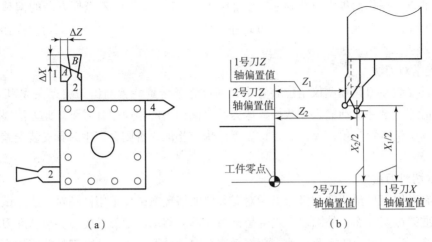

（a）　　　　　　　　　　　（b）

图 3 – 18　刀具偏移补偿功能示例

（a）相对补偿；（b）绝对补偿

拓展知识

（1）数控车床加工中有车床原点、工件原点、程序原点和机械原点等，请根据图 3 – 19 数控车床的坐标原点所示，写出 2、5、6、7 点分别对应的坐标原点的名称。

（2）数控车床刀架上装有 3 把刀。1 号刀为 90°基准外圆车刀、2 号刀为 60°螺纹车刀、3 号刀为 3.52mm 的切断刀，其中 90°基准外圆车刀已经对好（见表 3 – 16），请简述其余两把车刀的对刀方法和步骤，并作简要绘图。

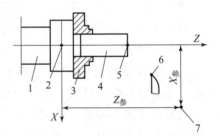

图 3 – 19　数控车床的坐标原点

1—主轴；2—（　）；3—卡盘；4—工件；

5—（　）；6—（　）；7—（　）

表 3 – 16　车床车刀的对刀操作

已对好的基准刀 （其中测得 ϕ =28.55mm）	另两把刀的对刀 步骤及方法	简要图示
	螺纹车刀	
	切断刀	

 **活动评价**

评价内容与实际比对，能做到的根据程度量在表 3－17 相应等级栏中打√号。

表 3－17　活动评价表

项目	评 价 内 容	评价等级（学生自我评价）		
		A	B	C
关键能力评价项目	1. 安全意识强			
	2. 着装、仪容符合实习要求			
	3. 积极主动学习			
	4. 无消极怠工现象			
	5. 爱护公共财物和设备设施			
	6. 维护课堂纪律			
	7. 服从指挥和管理			
	8. 积极维护场地卫生			
专业能力评价项目	1. 书、本等学习用品准备充分			
	2. 工、量具选择及运用得当			
	3. 理论联系实际			
	4. 积极主动参与操作面板的实习训练			
	5. 严格遵守操作规程			
	6. 独立完成操作训练			
	7. 独立完成工作页			
	8. 学习和训练质量高			
教师评语		成绩评定		

训练三　台阶轴的加工

前面学习了数控车床面板的操作和对刀方法，以及数控加工中的精加工程序指令，本次任务综合运用前面所学的知识，加工一个简单的轴类零件。

任务学习目标

（1）掌握数控车床编程常用功能指令的格式及特点；了解车床编程的程序与程序段格式；巩固数控编程中基点的相关知识，根据零件图样标注给出基点坐标。

（2）掌握数控车床加工零件的操作流程。

任务实施课时

8课时。

 任务实施流程

(1) 导入新课。

(2) 组织学生根据自身认识填写工作页。

(3) 根据操作步骤要求,组织学生观看影像资料和示范操作。

(4) 组织学生进行项目实际操作。

(5) 巡回指导练习。

(6) 结合实习要求和资料,对相关理论知识进行讲解。

(7) 拓展问题讨论。

(8) 学习任务考试。

(9) 完成活动评价表。

(10) 学习任务情况总结。

 任务所需器材

(1) 设备:数控车床、装有GSK980TD仿真软件系统的电脑。

(2) 工具:数控车床套筒、刀架扳手、加力杆等附件;90°外圆车刀、60°螺纹车刀、B(刃宽)=3mm切断刀若干套;0~150mm游标卡尺、0~25mm千分尺若干把。

(3) 辅具:影像资料、课件。

请完成表3-18中内容。

表3-18 课前导读

序号	实施内容	答案选项	正确答案
1	GSK980T数控系统中,顺/逆时针圆弧切削指令是_____。	A. G00/G01　　　B. G01/G00 C. G02/G03　　　D. G03/G02	
2	G97状态,S300指令是指恒线速主轴转速为300r/min。	A. 对　　　　B. 错	
3	G00属于辅助功能。	A. 对　　　　B. 错	
4	进给功能字一般规定为_____。	A. F　　B. S　　C. T	
5	G00指令的移动速度受S字段值的控制。	A. 对　　　　B. 错	
6	"N80 G27 M02;"这一条程序段中,有_____个地址字。	A. 1　　B. 2　　C. 3 D. 4	

续表

序号	实施内容	答案选项	正确答案
7	程序段 "N200 G3 U − 20 W30 R10;" 不能执行。	A. 对　　　　B. 错	
8	G03 指令是模态的。	A. 对　　　　B. 错	
9	X、Z 值是模态的。	A. 对　　　　B. 错	
10	GSK980T 数控系统的加工程序代码为 ISO 代码。	A. 对　　　　B. 错	
11	FMS 是指_____。	A. 直接数控系统 B. 自动化工厂 C. 柔性制造系统 D. 计算机集成制造系统	
12	按_____键就可以自动加工。	A. "SINGLE" + "运行" B. "BLANK" + "运行" C. "AUTO" + "运行" D. "RUN" + "运行"	
13	在 CNC 系统常用软件插补方法中，有一种是数据采样法，计算机执行插补程序输出的是数据而不是脉冲，这种方法适用于_____。	A. 开环控制系统 B. 闭环控制系统 C. 点位控制系统 D. 连续控制系统	
14	CNC 系统主要由_____。	A. 计算机和接口电路组成 B. 计算机和控制系统软件组成 C. 接口电路和伺服系统组成 D. 控制系统硬件和软件组成	

情 景 描 述

通过几天数控车床工艺与技能的学习，小马对这门课程产生了浓厚的兴趣。今天，他从书上看到了一个如图 3 – 20 所示的简单轴类零件，不禁跃跃欲试，决定大显一番身手。实践过程中，小马发现，好多知识真是知易行难啊。为了加工出这个工件，小马都做了哪些工作？

图 3 – 20　简单轴类零件

任务实施

根据如图 3-21 所示零件图样要求，加工出如图 3-22 所示实际零件。

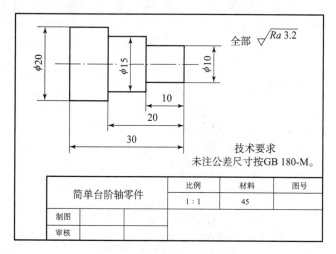

技术要求
未注公差尺寸按GB 180-M。

简单台阶轴零件	比例	材料	图号
	1：1	45	
制图			
审核			

图 3-21　简单台阶轴零件图

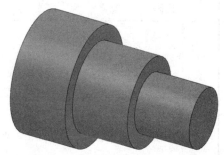

图 3-22　简单台阶轴实体

任务实施一：分析零件图样（见表 3-19）

表 3-19　分析零件图样

项目	说　明
结构分析	零件轮廓主要由 φ20mm、＿＿＿＿、＿＿＿＿圆柱面组成，主要加工内容为外圆柱面，结构较为简单
确定毛坯材料	根据图样形状和尺寸大小，此零件加工可选用 φ＿＿＿＿的圆棒料
精度要求	该零件的尺寸公差为自由公差，表面粗糙度达 Ra ＿＿＿＿ μm
确定装夹方案	以零件＿＿＿＿为定位基准；零件加工零点设在零件左端面和＿＿＿＿的中心；三爪自定心卡盘夹紧定位

任务实施二：确定加工工艺路线和指令选用（见表 3-20）

表 3-20　加工工艺路线和指令

序号	工　步　内　容	加工指令
1	加工 φ20mm 外圆柱表面	G01
2	加工 φ15mm 外圆柱表面	（　　）
3	加工（　　）外圆柱表面	G01
4	切断	G01

任务实施三：选用刀具和切削用量（见表3-21）

表3-21　刀具和切削用量

工步序号	刀具规格	主轴转速/(r·min⁻¹)	切削深度/mm	进给量/(mm·r⁻¹)
1	93°外圆机夹刀	$n=600$	$a_p=1\sim2mm$	$F=0.2$
2	（　　）刀	$n=600$	$a_p=1\sim2mm$	$F=$（　　）
3	93°外圆机夹刀	$n=$（　　）	$a_p=$（　　）mm	$F=0.2$
4	$B=3mm$ 切断刀	$n=200$		$F=0.1$

任务实施四：确定测量工具（见表3-22）

表3-22　测量工具

序号	名称	规格/mm	精度/mm	数量
1	游标卡尺	$0\sim150$	0.02	1
2	外径千分尺	$0\sim25$	0.01	1

任务实施五：加工操作步骤（见表3-23）

表3-23　加工操作步骤

序号	加工步骤	示意图
1	加工 $\phi20mm$ 外圆柱表面，编写加工程序	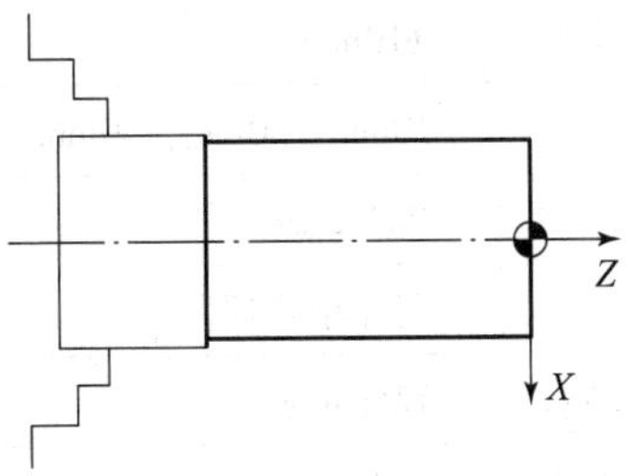
2	加工 $\phi15mm$ 外圆柱表面，编写加工程序	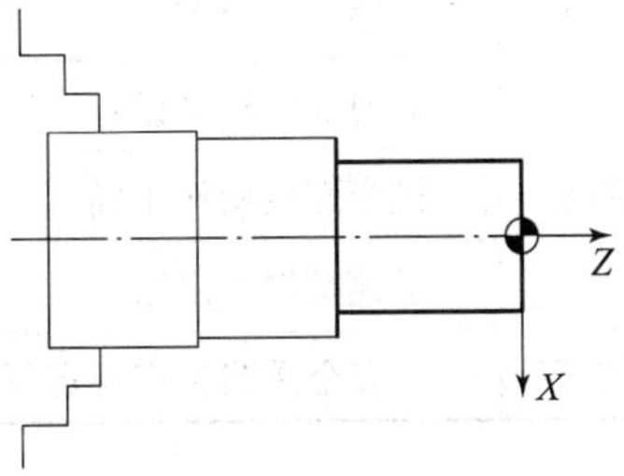

续表

序号	加工步骤	示 意 图
3	加工φ10mm外圆柱表面，编写加工程序	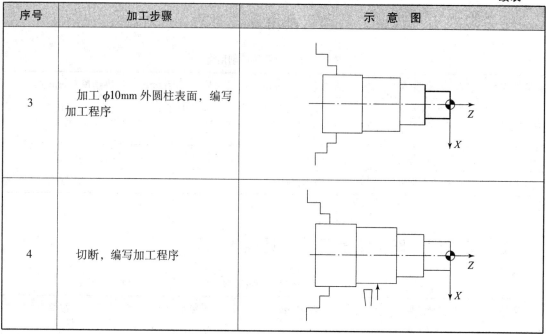
4	切断，编写加工程序	

任务实施六：零件评价和检测（见表3-24）

表3-24 零件评价和检测

序号	考核项目	考核内容	配分	评分标准	检测结果	得分	扣分	备注
1	加工操作	φ20mm	5	不合格不得分				
2		φ15mm	5	不合格不得分				
3		φ10mm	5	不合格不得分				
4		10mm，20mm，30mm	15	不合格不得分				
5		$Ra3.2\mu m$	15	不合格不得分				
6	程序与工艺	程序格式规范	10	不合格不得分				
7		程序正确、完整	10	不合格不得分				
8		工艺合理	5	不合格不得分				
9		程序参数合理	5	不合格不得分				
10	机床操作	对刀及坐标系设定正确	10	不合格不得分				
11		机床面板操作正确	10	不合格不得分				
12		手摇操作不出错	5	不合格不得分				
13	文明生产	按安全文明生产规定每违反一项扣3分，最多扣20分						

知识一 坐标点的表示

数控加工程序中表示几何点的坐标位置有绝对坐标和增量坐标及混合坐标三种方式。绝对坐标是以"工件原点"为依据来表示坐标位置，在数控编程中表示工件坐标系原点到当前指令终点的距离；增量坐标是以相对于"前一点"位置坐标尺寸的增量来表示坐标位置，在数控编程中相对坐标表示前一个指令终点到当前指令终点的距离，相对坐标为负值表示沿坐标轴负向运行，相对坐标为正值表示沿坐标轴正向运行；在数控程序中如果在不同程序段或同一程序段中混合使用相对坐标和绝对坐标，则称为混合编程。编程时要根据零件的加工精度要求及编程方便与否选用坐标类型。使用原则主要是看何种方式编程更方便。

在 FANUC 数控车床系统中，绝对值坐标以地址 X、Z 表示，增量值的坐标以地址 U、W 分别表示 X、Z 轴向的增量。X 轴的坐标不论是绝对值还是增量值，一般都用直径值表示（称为直径编程），这样会给编程带来方便，此时刀具的实际移动距离是直径值的一半。

为了能正确计算工件轮廓上各点的坐标值和以后的编程方便，建议在工件轮廓的各点上依次标明 A、B、C、D 等代号，然后列表计算出各点的坐标值。如图 3-23 所示工件各点的绝对值坐标和相对值坐标见表 3-25。

X、U 坐标以直径量表示

图 3-23 绝对坐标值和增量坐标值计算

表 3-25 绝对坐标值和增量坐标值

绝对坐标			相对坐标			
坐标点	X	Z	前一点	坐标点	U	W
P	200	100				
A	10	-5	P	A	-190	-105
B	10	-8	A	B	0	-5
C	14	-8	B	C	4	0
D	20	-20	C	D	6	-12
E	20	-25	D	E	0	-5
F	22	-25	E	F	2	0
G	24	-26	F	G	2	-1
H	24	-29	G	H	0	-3
I	22	-30	H	I	-2	-1

知识二　程序的构成

每一种数控系统，根据系统本身的特点与编程的需要，都有一定的程序格式。对于不同的数控系统，其程序格式也不尽相同。因此，编程人员在按数控程序的常规格式进行编程的同时，还必须严格按照车床说明书的规定格式进行编程。

1. 程序的组成

一个完整的程序，一般由程序号、程序内容和程序结束三部分组成。

例如：

程序号　　　O0002

程序内容　{
N10 G28 U0 W0;

N20 G97 S600 T0101 M04;

N30 M08;

N40 G00 X100.0 Z100.0 G99;

N50 G00 X40.0 Z10;

N60 G32 Z6.000 F2;

...

N240 G00 X100.0 Z100.0;

N250 M09;
}

程序结束　　N260 M30;

上面的程序中，O0002 表示加工程序号，N10 ~ N250 程序段是程序内容，N260 程序段是程序结束。

1）程序号

程序号用作加工程序的开始标识，每个工件的加工程序都有自己的专用程序号，又称为程序名，所以同一数控系统中的程序号（名）不能重复。不同的数控系统，程序号地址码也不相同，常用的有%、P、O等符号，编程时一定要按照系统说明书的规定去指定，否则系统不识别。程序号写在程序的最前面，必须单独占一行。

在 FANUC 系列数控系统中，程序号的编写格式为 O××××，其中 O 为地址符，其后为四位数字，数值从 O0000 到 O9999，在书写时其数字前的零可以省略不写，如 O0020 可写成 O20。

2）程序内容

程序内容由加工顺序、刀具的各种运动轨迹和各种辅助动作的若干个程序段组成，是整个加工程序的核心。它由许多程序段组成，每个程序由一个或多个指令构成，表示数控车床加工中除程序结束外的全部动作。

3）程序结束

结束部分由程序结束指令构成，它必须写在程序的最后。可以作为程序结束标记的 M 指令有 M02 和 M30，它们代表零件加工程序的结束。为了保证最后加工程序段的正常执行，通常要求 M02/M30 单独占一行。

2. 程序段的组成

1）程序段的基本格式

每个程序段由若干个数据字构成，而数据字又由表示地址的英文字母、特殊文字和数字构成，如 X30.0、G50 等。

程序段格式是指一个程序段中字、字符、数据的排列、书写方式和顺序。在数控车床系统中，常见的程序段格式有字—地址程序段格式，其格式如下：

N___	G___	X___ Y___ Z___	F___	S___	T___	M___
程序段号	准备功能	尺寸字	进给功能	主轴功能	刀具功能	辅助功能

例如：N50 G01 X40.0 Z-30.0 F50 S1120 T0101 M03；

2）程序段的组成

程序段由程序段号和程序段内容组成。程序段号由地址符"N"开头，其后为若干位数字。在大部分系统中，程序段号仅作为"跳转"或"程序检索"的目标位置指示。因此，它的大小及次序可以颠倒，也可以省略。程序段在存储器内以输入的先后顺序排列，而程序的执行是严格按照信息在存储器内输入的先后顺序一段一段执行，也就是说，执行的先后次序与程序段号无关。但是，当程序段号省略时，该程序段将不能作为"跳转"或"程序检索"的目标程序段。

程序段号也可以由数控系统自动生成，程序段号的递增量可以通过"机床参数"进行设置，一般可设定增量值为10。

程序段的中间部分是程序段的内容，程序段内容应具备六个基本要素，即准备功能字、尺寸功能字、进给功能字、主轴功能字、刀具功能字和辅助功能字等，但并不是所有程序段都必须包含所有功能字，有时一个程序段内仅包含一个或几个功能字也是允许的。

3. 程序字

工件加工程序是由程序段构成的，每个程序段是由若干个程序字组成的，每个字是数控系统的具体指令，它由表示地址的英文字母（指令字符）、特殊文字和数字集合而成。程序中不同的指令字符及其后的数据确立了每个指令字符的含义，在数控程序段中包含的常用地址见表 3-26。

表 3-26 指令字符一览表

功能	指 令 字 符	意　义
程序号	O	程序编号（0~9999）
程序段顺序号	N	程序段顺序号（N0~N…）
准备功能	G	由 G 后面两位数字决定该程序段意义
进给功能	F	指定进给速度
主轴转速功能	S	指定主轴转速
刀具功能	T	刀具编号选择
辅助功能	M	指定车床上的辅助功能

续表

功能	指令字符	意义
尺寸字	X、Y、Z	坐标轴地址指令
	U、V、W	附加轴地址指令
	A、B、C	附加回转轴地址指令
	I、J、K	圆弧起点相对于圆弧中心的坐标指令
	R	圆弧半径、固定循环的参数
暂停	P、X	暂停时间指定
子程序号指定	P	子程序号指定
重复次数	L	子程序的重复次数
参数	P、Q、R、U、W、I、K、C、A	车削复合循环参数
倒角控制	C、R	自动倒角参数

知识三   常用编程指令

1. 快速定位指令（G00）

1）指令格式

G00 X(U)＿ Z(W)＿；

X(U)＿ Z(W)＿；

刀具运动终点坐标。

终点坐标值可以用增量值也可用绝对值，甚至可以混用。绝对值用 X、Z 表示，为终点相对于工件原点的坐标值；增量值用 U、W 表示，为终点相对于运动起点的增量坐标。如果目标点与起点有一个坐标值没有变化，此坐标值可以省略。如两轴同时移动：G00 X30.0 Z10.0；单轴移动：G00 X40（Z 轴不动）或 G00 Z－20（X 轴不动）。

2）功能

使刀具从当前点快速移动至指定的坐标点位置，用于刀具进行加工以前的空行程移动或加工完成的快速退刀。该指令可使刀具快速运动到指定点，以提高加工效率，但不能进行切削加工。

3）指令说明

（1）G00 不用指定移动速度，其移动速度由机床系统参数设定。在实际操作时，也可通过机床面板上的按钮"F0""F25""F50"和"F100"对 G00 移动速度进行调节。

（2）在执行 G00 指令时，X 轴和 Z 轴同时从起点以各自的快速移动速度移动到终点，两轴是以各自独立的速度移动，短轴先到达终点，长轴独立移动剩下的距离，其合成轨迹不一定是直线，通常为折线形轨迹。如图 3－24 所示，刀具从当前位置到达指令终点位置，其实际轨迹是一条折线。

（3）G00 为模态功能，可由 G01、G02、G03 等功能注销。

4）编程实例

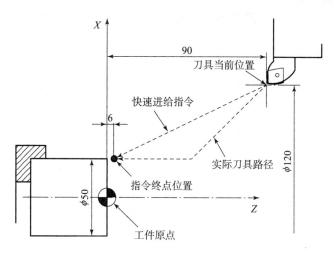

图 3 – 24 G00 常见的折线形轨迹

（1）轨迹实例：如图 3 – 25 所示，需将刀具从起点 O 快速定位到目标点 A 和从起点 B 快速定位到目标点 D，其编程方法和刀具轨迹如表 3 – 27 所示。

图 3 – 25 G00 轨迹实例

表 3 – 27 G00 轨迹实例 1 说明

刀具要执行的动作	运行轨迹	轨迹说明	编程
从 O 快速定位到 A	$O \to B \to A$	刀具在移动过程中先在 X 和 Z 轴方向移动相同的增量，即图中的 OB 轨迹，然后再从 B 点移动至 A 点	G00 X20.0 Z30.0;
从 B 快速定位到 D	$B \to C \to D$	刀具在移动过程中先在 X 和 Z 轴方向移动相同的增量，即图中的 BC 轨迹，然后再从 C 点移动至 D 点	G00 X60.0 Z0;

（2）功能应用实例：如图 3 – 26 所示，刀尖从换刀点（刀具起点）A 快进到 B 点，准备车外圆，其 G00 的程序段如图 3 – 26 所示。

2. 直线插补指令（G01）

1）指令格式

G01 X(U)_ Z(W)_ F_;

程序中，X（U），Z（W）——刀具运动终点坐标，其各项含义同 G00；

F——刀具切削进给的进给速度（进给量）。

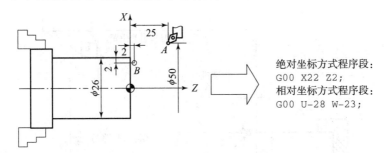

图 3 - 26　G00 功能应用及程序段

2）功能

使刀具以指定的进给速度从所在点出发，直线移动到目标点。

3）指令说明

（1）G01 指令是直线运动指令，它命令刀具在两坐标轴间以插补联动的方式按指定的进给速度做任意斜率的直线运动。因此，执行 G01 指令的刀具轨迹是直线形轨迹，它是连接起点和终点的一条直线。

（2）在 G01 程序段中必须含有 F 指令。如果在 G01 程序段中没有 F 指令，而在 G01 程序段前也没有指定 F 指令，则机床不运动，有的系统还会出现系统报警。F 指令属模态指令，F 中指定的进给速度一直有效，直到指定新的数值，因此不必对每个程序段都指定 F 值。

（3）G01 也是模态指令，如果后续的程序段不改变加工的线形，则可以不再写这个指令。

4）编程实例

（1）轨迹实例：如图 3 - 27 所示，要求刀尖从 C 点直线移动到 D 点，切削运动轨迹 CD 的程序段为：

```
G01 X40.0 Z0 F0.2;
```

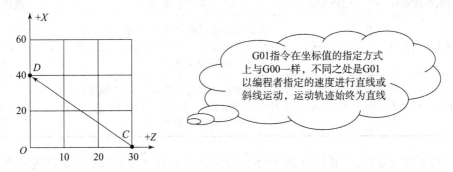

图 3 - 27　G01 轨迹实例

（2）G01 外圆车削外圆实例。

如图 3 - 28 所示，要求刀尖从 A 点直线移动到 B 点，完成车外圆，其 G01 程序段见图 3 - 28。

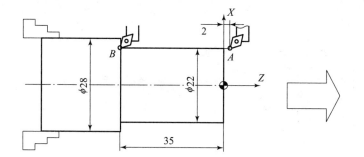

图 3-28　G01 功能示例及程序段

3. 圆弧插补指令 G02/G03

1）指令格式

G02(03)　X(U)__Z(W)__R__F__;

G02(03)　X__Z__I__K__F__;

程序中，G02——顺时针圆弧插补；

　　　　　G03——逆时针圆弧插补；

　　　　　X(U)，Z(W) ——圆弧的终点坐标值，各项含义同 G01、G00；

　　　　　R——圆弧半径；

　　　　　I，K——圆弧的圆心相对其起点分别在 X 和 Z 坐标轴上的增量值。

2）功能

使刀具在指定平面内按给定的进给速度做圆弧运动，切削圆弧轮廓。

3）指令说明

（1）圆弧顺、逆的判断。任意一段圆弧由两点及半径值三要素组成。在三要素确定的情况下，可加工出凹或凸不同的圆弧段。圆弧方向由 G02 或 G03 确定。G02 表示顺时针圆弧插补，G03 表示逆时针圆弧插补。圆弧插补顺、逆方向可按图 3-29 所示的方向判断。

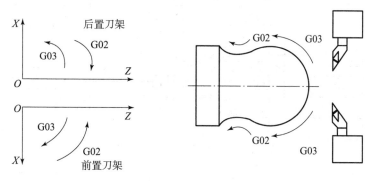

图 3-29　圆弧顺、逆方向判断

（2）I、K 方式编程适用于任何圆弧的加工，但对于数控车床而言，因其所加工圆弧的圆心角一般不会超过 180°，更不会是整圆，所以没有必要用 I、K 方式编程，以避免计算的烦琐。

4）编程实例

采用圆弧插补指令编写如图 3-30 所示刀具从 O 点到 C 点的加工程序。

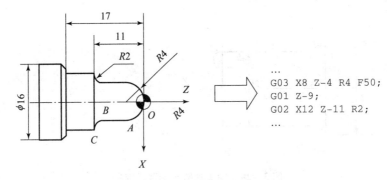

```
...
G03 X8 Z-4 R4 F50;
G01 Z-9;
G02 X12 Z-11 R2;
...
```

图 3－30 圆弧插补指令应用及程序段

（1）G00 与 G01 指令有何区别？

（2）试写出圆弧加工程序段的指令格式。其 G02 与 G03 是如何判断的？

（3）数控车程序有一定的格式，根据图 3－31 所示，写出各部分对应的名称。

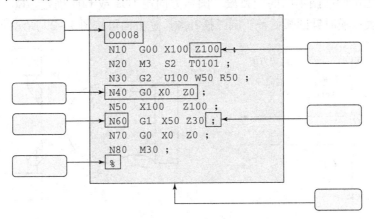

图 3－31 数控车程序格式

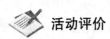

评价内容与实际比对，能做到的根据程度量在表 3－28 相应等级栏中打√号。

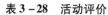

表 3 - 28 活动评价

项目	评 价 内 容	评价等级（学生自我评价）		
		A	B	C
关键能力评价项目	1. 安全意识强			
	2. 着装、仪容符合实习要求			
	3. 积极主动学习			
	4. 无消极怠工现象			
	5. 爱护公共财物和设备设施			
	6. 维护课堂纪律			
	7. 服从指挥和管理			
	8. 积极维护场地卫生			
专业能力评价项目	1. 书、本等学习用品准备充分			
	2. 工、量具选择及运用得当			
	3. 理论联系实际			
	4. 积极主动参与程序编辑训练			
	5. 严格遵守操作规程			
	6. 独立完成操作训练			
	7. 独立完成工作页			
	8. 学习和训练质量高			
教师评语		成绩评定		

任务四 小锥度心轴零件的编程与加工

　　轴类零件是五金配件中经常遇到的典型零件之一，它主要用来支承传动零部件，传递扭矩和承受载荷。按轴类零件结构形式不同，一般可分为光轴、阶梯轴和异形轴三类，或分为实心轴、空心轴等。它们在机器中用来支承齿轮、带轮等传动零件，以传递转矩或运动。

 任务学习目标

　　(1) 了解什么是小锥度心轴零件。

　　(2) 掌握小锥度心轴零件的加工方法。

 任务实施课时

　　20 学时。

 任务实施流程

　　(1) 导入新课。

　　(2) 组织学生根据自身认识填写工作页。

　　(3) 对照小锥度心轴零件实物，讲解加工指令应用方法。

　　(4) 对照小锥度心轴零件实物，进行仿真加工作业示范并巡回指导学生仿真加工。

　　(5) 进行机床实际操作加工示范并巡回指导学生机床操作实习。

　　(6) 结合解剖加工过程及走刀路线，进行指令理论讲解。

　　(7) 组织学生进行"拓展问题"讨论。

　　(8) 本任务学习测试。

　　(9) 测试结束后，组织学生填写活动评价表。

　　(10) 小结学生学习情况。

任务所需器材

　　(1) 设备：数控车床。

　　(2) 工具：小锥度心轴零件 5 个，数车仿真系统及电脑 60 台，980TD 系统 30 个，机车配套工、量具 30 套。

　　(3) 辅具：影像资料、课件。

完成表 4-1 中内容。

表 4 - 1　课前导读

序号	实　施　内　容	答　案　选　项	正确答案
1	不是轴的主要用途的是_____。	A. 支承传动零部件 B. 传递扭矩 C. 承受载荷 D. 连接	
2	轴类零件按结构形式不同可分为_____。	A. 光轴　　　　B. 阶梯轴 C. 小锥度心轴　D. 异形轴	
3	轴类零件是_____。	A. 旋转零件　　B. 箱体零件	
4	根据结构形状的不同,轴类零件可分为_____。	A. 光轴　　　　B. 阶梯轴 C. 空心轴　　　D. 曲轴	
5	不是切削用量三要素的是_____。	A. 主轴转速　　B. 进给量 C. 切削深度　　D. 切削速度	
6	切削用量中,切削深度的符号是_____。	A. f　　B. a_p　　C. v_c　　D. n	
7	切削用量中,进给量的符号是_____。	A. f　　B. a_p　　C. v_c　　D. n	
8	切削用量中,切削速度的符号是_____。	A. f　　B. a_p　　C. v_c　　D. n	
9	G98 指令对应的进给量单位是_____。	A. mm/min　　　B. mm/r	
10	切削速度 v_c 的单位是_____。	A. mm/min　　　B. mm/r C. m/min	
11	粗加工时,首先要考虑的切削用量是_____。	A. 主轴转速　　B. 进给量 C. 切削深度　　D. 切削速度	
12	精加工时,首先要考虑的切削用量是_____。	A. 主轴转速　　B. 进给量 C. 切削深度　　D. 切削速度	
13	在"G90 X(U)__Z(W)__F_;"中,F 表示_____。	A. 主轴转速　　B. 进给量 C. 切削深度　　D. 切削速度	
14	锥度加工: G90 X(U)__Z(W)__R_F__; 其中,R 是指_____。	A. 起点半径减终点半径 B. 终点半径减起点半径 C. 起点直径减终点直径 D. 终点直径减起点直径	
15	锥度加工: G90 X(U)__Z(W)__R_F__; 其中,R 是否有正负之分?	A. 是　　　　　B. 否	

情景描述

　　茂名五金厂张老板拿来一个小锥度心轴零件图纸,要求按照图纸用 45 钢加工如图 4 - 1 所示的小锥度心轴,徒弟小陈接过图纸看了以后很茫然,因为他以前只加工过光轴和台阶轴,对于这种带锥度的轴还没加工过,不知道如何下手,于是请教曾师傅,曾师傅说:"小陈,你数控车削的知识还是学得太少了,特别是编程方面,今天我再传授你一些新的知识,你要是能理解了,便能把这个工件加工好了。"那到底曾师傅教小陈什么了呢? 我们一起来学习吧。

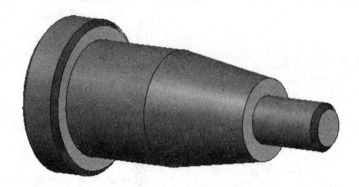

图 4 - 1   小锥度心轴

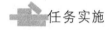 任务实施

根据如图 4 - 2 所示零件图样要求，加工出如图 4 - 3 所示实体零件。

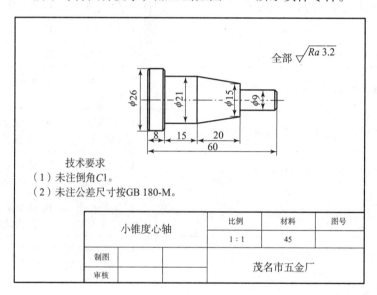

图 4 - 2   零件图

图 4 - 3   实体图

任务实施一：分析零件图样（见表 4 – 2）

表 4 – 2　零件图样分析

项目	说　明
结构分析	该零件为小锥度心轴，即由三个_____和一个锥度组成的小锥度心轴
确定毛坯材料	根据图样形状和尺寸大小，加工此零件可选用 ϕ____×____圆棒料，材料为 45 钢
精度要求	图样上要求的表面粗糙度是_____
确定装夹方案	三爪卡盘自定心夹紧，伸出_____ mm 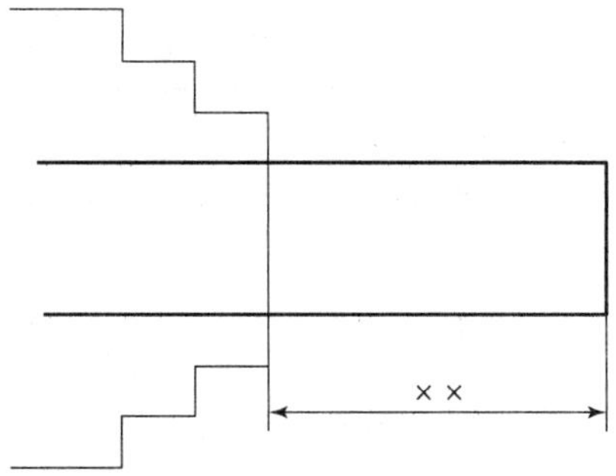 × ×

任务实施二：确定加工工艺路线和指令选用（见表 4 – 3）

表 4 – 3　加工工艺路线和指令

序号	工 步 内 容	加工指令
1	粗车台阶轴外轮廓	
2	粗车锥度	G90
3	精车外轮廓	
4	倒角，切断	

任务实施三：选用刀具和切削用量（见表 4 – 4）

表 4 – 4　刀具和切削用量

工步序号	刀具规格	主轴转速/$(r \cdot min^{-1})$	切削深度/mm	进给量/$(mm \cdot r^{-1})$
1	90°外圆车刀			
2	90°外圆车刀	800	3	100
3	90°外圆车刀			
4	3mm 切断刀			

任务实施四：确定测量工具（见表4–5）

表4–5　测量工具

序号	名称	规格/mm	精度/mm	数量
1	游标卡尺	0～150	0.02	1
2	外径千分尺			1
3	外径千分尺	25～50	0.01	1

任务实施五：加工操作步骤（见表4–6）

表4–6　加工操作步骤

序号	加工步骤	示　意　图
1	粗车台阶轴外轮廓： O0001 G0 X99 Z99； M3 S_____ T0101； G0 X31 Z2； G90 X26 Z–52 F100； _____ X17 Z–17； _____ X9.5；	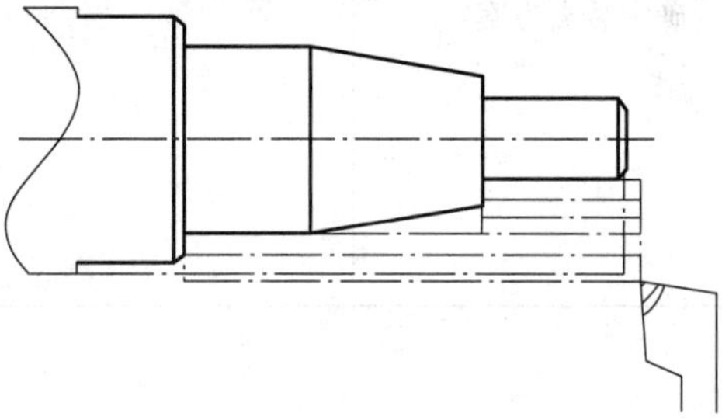
2	粗车锥度：将锥度Z轴各延长1mm G0 X23 Z–16； G90 X21.3 Z–38 R–3.3；	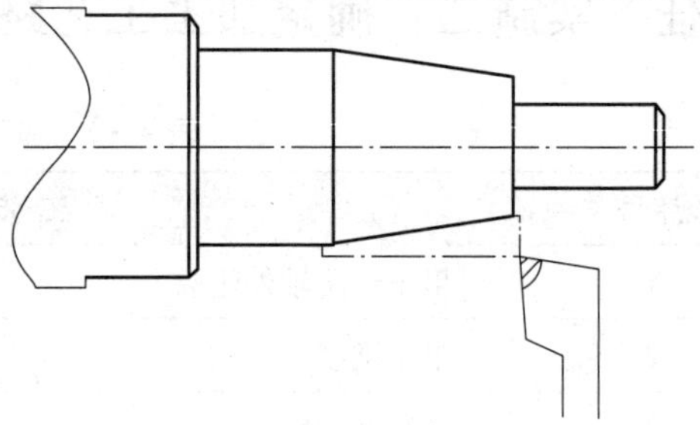
3	精车外轮廓： G0 X99 Z99； M3 S____ T0101； G0 X31 Z2； G0 X0； G1 Z0 F80； _____ _____ _____ X21 W–20； _____ X28 W–1； Z–65； G0 X99 Z99 M5； M0；	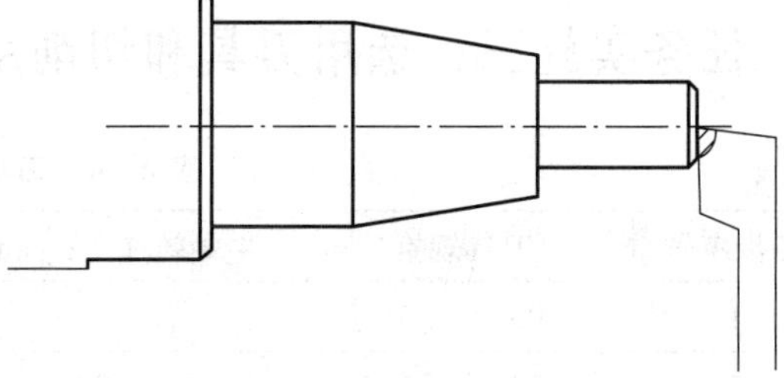

续表

序号	加工步骤	示　意　图
4	倒角，切断（3mm右刀尖编程）： 分别为步骤1（定位）→步骤2 （切槽）→步骤3（定位）→步骤4 （倒角）→步骤5（切断）。 M3 S____ T0202； G0 X31 Z-60;步骤1(定位) G1____ F10；步骤2(切槽) G0 X30； ____；　　　　步骤3(定位) G1_____；　　步骤4(倒角) G1 X0；　　　步骤5(切断) G0 X32； G0 X99 Z99 M5； M30；	步骤1　　　步骤2 步骤3　　　步骤4

任务实施六：零件评价和检测（见表4-7）

表4-7　零件评价和检测

序号	考核项目	考核内容	配分	评分标准	检测结果	得分	扣分	备注
1	外圆尺寸	ϕ9mm	20	不合格不得分				
2		ϕ21mm	20	不合格不得分				
3		ϕ26mm	20	不合格不得分				
4	锥度	锥度	20	不合格不得分				
5	长度	8mm	5	不合格不得分				
6		60mm	5	不合格不得分				
7	表面粗糙度	Ra3.2μm	10	不合格不得分				
8	文明生产	按安全文明生产规定每违反一项扣3分，最多扣20分						

相关知识

知识一　单一固定循环指令 G90

G90 是单一形状固定循环指令，该指令主要用于轴类零件的圆柱和圆锥面的加工。

基本格式：

G90 X(U)____ Z(W)____ F____;加工圆柱面

G90 X(U)____ Z(W)____ R____ F____;加工圆锥面

程序中：X，Z——取值为切削加工终点的绝对坐标值；

        U，W——取值为切削加工终点的相对坐标值；

        R——取值为车削圆锥面时起点与终点的半径之差，有正、负之分。

1. 运动特性（轨迹）

该指令在执行时可以分为四个节拍或动作：进刀、走刀（切削）、退刀、返回；构成一个矩形或四边形轨迹路线。执行完毕后返回起点，其中走刀与退刀是以程序 F 指定的速度执行，进刀与返回动作则以系统参数快速移动速度执行。如图 4－4 所示。

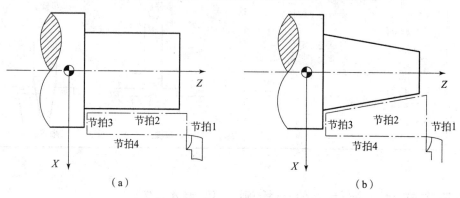

图 4－4　车削循环

（a）圆柱车削循环；（b）圆锥车削循环

2. 程序语句解析

图 4－5 所示为外圆切削程序的切削循环路线。

程序语句		切削循环路线
G0 X50 Z2;	→	循环起点 A
G90 X40 Z－40 F60;	→	A→B→C→D→A
X30;	→	A→E→F→D→A
X20;	→	A→G→H→D→A

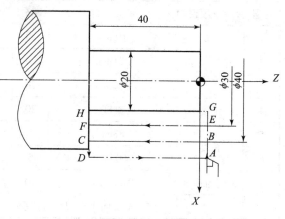

图 4－5　外圆切削程序的切削循环路线

图 4－6 所示为锥面切削程序的切削循环路线。

程序语句		切削循环路线
G0 X50 Z2;	→	循环起点 A
G90 X40 Z－40 R－5 F60;	→	A→B→C→D→A
X30;	→	A→E→F→D→A
X20;	→	A→G→H→D→A

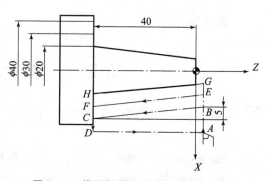

图 4－6　锥面切削程序的切削循环路线

该指令具有模态特性，属模态功能指令；每走完一次循环路线即返回到起点，故称外圆/内孔单一固定循环指令。

知识二　切削用量

在切削过程中工件上形成三个表面，如图 4 - 7 所示。

（1）已加工表面：切削后得到的表面。

（2）加工表面：正在被切除的表面。

（3）待加工表面：即将被切除的表面。

切削用量是指切削深度（a_p）、进给量（f）、切削速度（v_c）三者的总称，可称为切削用量三要素。制定切削用量就是要在已经选择好刀具材料和几何角度的基础上，合理地确定切削深度 a_p、进给量 f 和切削速度 v_c，如图 4 - 8 所示。

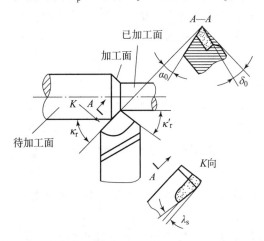

图 4 - 7　切削面

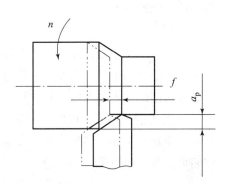

图 4 - 8　切削参数

所谓合理的切削用量是指充分利用刀具的切削性能和机床性能，在保证加工质量的前提下，获得高的生产率和低的加工成本的切削用量。

（1）切削深度（a_p）。工件上已加工表面和待加工表面间的垂直距离，也就是每次进给时车刀切入工件的深度。

（2）进给量（f）。进给速度是指单位时间内，刀具沿进给方向移动的距离，单位为 mm/min，对应 G98 指令；也可表示为主轴旋转一周刀具的进给量，单位为 mm/r，对应 G99 指令。

进给速度 v_f 的计算：

$$v_f = n f$$

式中，n——车床主轴的转速，单位为 r/min；

　　f——刀具的进给量，即工件每转一周，车刀沿进给方向移动的距离单位为 mm/r。

（3）切削速度（v_c）。在进行切削时，刀具切削刃上的某一点相对于待加工表面在主运动方向上的瞬时速度，也可以理解为车刀在一分钟内车削工件表面的理论展开直线的长度，如图 4 - 9 所示。

切削速度由工件材料、刀具材料及加工性质等因素所确定。

切削速度计算公式：

$$v_c = \pi dn / 1\,000 \quad (\text{m/min})$$

式中，d——工件或刀尖的回转直径，单位为 mm；

　　　n——工件或刀具的转速，单位为 r/min。

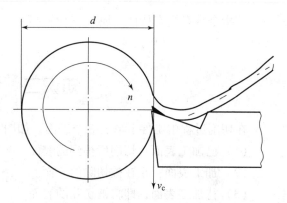

图 4 – 9　切削速度计算示意图

1. 切削用量选择原则

不同的加工性质，对切削加工的要求是不一样的。因此，在选择切削用量时，考虑的侧重点也应有所区别。粗加工时，应尽量保证较高的金属切除率和必要的刀具耐用度，故一般优先选择尽可能大的切削深度 a_p，其次选择较大的进给量 f，最后根据刀具耐用度要求确定合适的切削速度。精加工时，首先应保证工件的加工精度和表面质量要求，故一般选用较小的进给量 f 和切削深度 a_p，而尽可能选用较高的切削速度 v_c。

2. 切削深度 a_p 的选择

切削深度应根据工件的加工余量来确定。粗加工时，除留下精加工余量外，一次走刀应尽可能切除全部余量。当加工余量过大、工艺系统刚度较低、机床功率不足、刀具强度不够或断续切削的冲击振动较大时，可分多次走刀。当切削表面层有硬皮的铸锻件时，应尽量使 a_p 大于硬皮层的厚度，以保护刀尖。

当半精加工和精加工的加工余量较小时，可一次切除，但有时为了保证工件的加工精度和表面质量，也可采用二次走刀。

多次走刀时，应尽量将第一次走刀的切削深度取大些，一般为总加工余量的 2/3 ~ 3/4。

在中等功率的机床上，粗加工时的切削深度可达 8 ~ 10mm；半精加工（表面粗糙度为 $Ra6.3 ~ 3.2\mu m$）时，切削深度取为 0.5 ~ 2mm；精加工（表面粗糙度为 $Ra1.6 ~ 0.8\mu m$）时，切削深度取为 0.1 ~ 0.4mm。

3. 进给量 f 的选择

切削深度选定后，接着就应尽可能选用较大的进给量 f。粗加工时，由于作用在工艺系统上的切削力较大，故进给量的选取受到下列因素的限制：机床—刀具—工件系统的刚度，机床进给机构的强度，机床的有效功率与转矩，以及断续切削时刀片的强度。

半精加工和精加工时，最大进给量主要受工件加工表面粗糙度的限制。工厂中，进给量一般多根据经验按一定表格选取（详见车、钻、铣等各任务有关表格），在有条件的情况下，可对切削数据库进行检索和优化。

4. 切削速度 v_c 的选择

在 a_p 和 f 选定以后，可在保证刀具合理耐用度的条件下，用计算的方法或用查表法确定切削速度 v_c 的值。在具体确定 v_c 值时，一般应遵循下述原则：

（1）粗车时，切削深度和进给量均较大，故选择较低的切削速度；精车时，则选择较高的切削速度。

（2）工件材料的加工性较差时，应选较低的切削速度。故加工灰铸铁的切削速度应较加工中碳钢低，而加工铝合金和铜合金的切削速度则较加工钢高得多。

（3）刀具材料的切削性能越好，切削速度也可选得越高。因此，硬质合金刀具的切削速度可选得比高速钢高好几倍，而涂层硬质合金、陶瓷、金刚石及立方氧化硼刀具的切削速度又可选得比硬质合金刀具高许多。

此外，在确定精加工、半精加工的切削速度时，应注意避开积屑瘤和鳞刺产生的区域；在易发生振动的情况下，切削速度应避开自激振动的临界速度；在加工带硬皮的铸锻件，加工大件、细长件和薄壁件，以及断续切削时，应选用较低的切削速度。

知识三　游标卡尺的正确使用方法

常用游标卡尺的种类如图 4 – 10 所示。

（a）　　　　　　　　　（b）　　　　　　　　　（c）

图 4 – 10　常用游标卡尺的种类

（a）游标卡尺；（b）带表卡尺；（c）电子数显卡尺

游标卡尺是精密的长度测量仪器，常见的机械游标卡尺如图 4 – 11 所示。它的量程为 0 ~ 150mm，分度值为 0.02mm，由内测量爪、外测量爪、紧固螺丝、主尺、游标尺和深度尺组成。

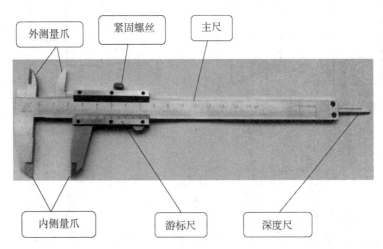

图 4 – 11　机械游标卡尺

主尺上的线距为 1mm，游标尺上有 50 格，其线距为 0.98mm。当两者的零刻线相重合时，若游标尺移动 0.02mm，则它的第 1 根刻线与主尺的第 1 根刻线重合；若游标尺移动

0.04mm，则它的第2根刻线与主尺的第2根刻线重合。依此类推，可从游标尺与主尺上刻线重合处读出量值的小数部分。主尺与游标尺线距的差值0.02mm就是游标卡尺的最小读数值。同理，若它们的线距的差值为0.05mm或0.1mm（游标尺上分别有20格或10格），则其最小读数值分别为0.05mm或0.1mm。

 拓展知识

G94指令适合用于什么轮廓的加工？加工工具有哪些特点？

G94——端面车削循环

格式：G94 X(U)__ Z(W)__ R__ F__；

参数说明：

X、Z——终点坐标的绝对值：

U、W——终点坐标的相对值：

F——进给速度：

R——切削起点 B 相对于切削终点 C 的 Z 向有向距离。

切削常见图形如图4-12所示。

G94的走刀路线如图4-13所示。

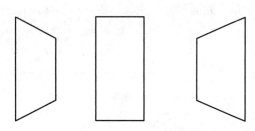

图4-12 切削常见图形

图4-13 G94走刀路线

答：

 **活动评价**

评价内容与实际比对，能做到的根据程度量在表4-8相应等级栏中打√号。

表4-8　活动评价表

项目	评 价 内 容	评价等级（学生自我评价）		
		A	B	C
关键能力评价项目	1. 安全意识强			
	2. 着装、仪容符合实习要求			
	3. 积极主动学习			
	4. 无消极怠工现象			
	5. 爱护公共财物和设备设施			
	6. 维护课堂纪律			
	7. 服从指挥和管理			
	8. 积极维护场地卫生			
专业能力评价项目	1. 书、本等学习用品准备充分			
	2. 工、量具选择及运用得当			
	3. 理论联系实际			
	4. 积极主动参与程序编辑训练			
	5. 严格遵守操作规程			
	6. 独立完成操作训练			
	7. 独立完成工作页			
	8. 学习和训练质量高			
教师评语		成绩评定		

任务五　槽类零件的加工

在数控车削加工中，经常会遇到各种带有槽的零件。根据槽的宽度不同，槽可以分为宽槽和窄槽两种。槽的宽度不大，切槽刀切削过程中不沿 Z 向移动就可以车出的槽叫窄槽；槽宽度大于切槽刀的宽度，切槽刀切槽过程中需要沿 Z 向移动才能切出的槽叫宽槽。

训练一　G01 加工窄槽

任务学习目标

(1) 熟悉切槽加工中的相关工艺知识。
(2) 根据加工要求合理确定加工方案和加工路线。
(3) 运用 G00、G01 指令编写退刀槽加工程序。
(4) 掌握切槽刀的装刀、对刀及刀补设定。
(5) 完成切槽加工，熟悉退刀槽数控加工方法。

任务实施课时

8 学时。

任务实施流程

(1) 导入新课。
(2) 组织学生根据自身认识填写工作页。
(3) 根据操作步骤要求，组织学生观看影像资料和示范操作。
(4) 组织学生进行项目实际操作。
(5) 巡回指导练习。
(6) 结合实习要求和资料，对相关理论知识进行讲解。
(7) 拓展问题讨论。
(8) 学习任务考试。
(9) 完成活动评价表。
(10) 学习任务情况总结。

任务所需器材

(1) 设备：数控车床、装有 GSK980TD 仿真软件系统的电脑。

（2）工具：数控车床套筒、刀架扳手、加力杆等附件；90°外圆车刀、60°螺纹车刀、B（刃宽）=3mm 切断刀若干套；0～150mm 游标卡尺及 0～25mm 和 25～50mm 千分尺若干把。

（3）辅具：影像资料、课件。

请完成表 5–1 中内容。

表 5–1 课前导读

序号	实 施 内 容	答案选项		正确答案
1	根据槽的宽度不同，槽可以分为宽槽和窄槽两种。	A. 对	B. 错	
2	螺纹退刀槽加工要求一般不高。	A. 对	B. 错	
3	切槽刀具安装时刀刃与工件中心要_____。	A. 等高 B. 略高 C. 略低		
4	切槽刀主切削刃要_____。	A. 平直	B. 倾斜	
5	车精度不高且宽度较窄的矩形沟槽时，可用刀宽_____槽宽的车槽刀。	A. 等于	B. 大于	
6	切槽刀切削刃长，切削阻力大，应尽可能_____刀具悬伸量。	A. 增大	B. 减小	
7	切槽中发现有振动及异响时应停机检查工件及刀具的装夹情况，并予以调整。	A. 对	B. 错	
8	切槽加工过程中应根据工艺要求取_____的进给速度。	A. 较小	B. 较大	
9	切槽刀除有主切削刃外，还有左、右副切削刃。	A. 对	B. 错	
10	调质的目的是提高材料的硬度和耐磨性。	A. 对	B. 错	
11	恒线速控制原理是工件的直径越大，进给速度越慢。	A. 对	B. 错	
12	程序段 "N200 G3 U–20 W30 R10;" 不能执行。	A. 对	B. 错	
13	工件材料的强度、硬度越高，则刀具寿命越低。	A. 对	B. 错	
14	检测装置是数控机床必不可少的装置。	A. 对	B. 错	
15	闭环系统比开环系统具有更高的稳定性。	A. 对	B. 错	
16	多数情况下，要求液压传动系统的输出为旋转运动。	A. 对	B. 错	
17	为保障人身安全，在正常情况下，电气设备的安全电压规定为 36V 以下。	A. 对	B. 错	
18	操作人员若发现电动机或电器有异常，应立即停车修理，然后再报告值班电工。	A. 对	B. 错	

情景描述 ✎

小马现在全力投入到数控车削工艺与技能的实习课程中，为了理论联系实际，晚自习时，小马在课室复习轴套类零件的相关知识，从课本上看到如图 5–1 所示的退刀槽零件，突然灵感一来，这种退刀槽我也可以加工呀，说干就干，第二天，小马就开始行动了。他是如何加工的呢？请看下面的内容。

图 5–1　退刀槽零件

任务实施

根据如图 5–2 所示零件图样要求，加工出如图 5–3 所示实体零件。

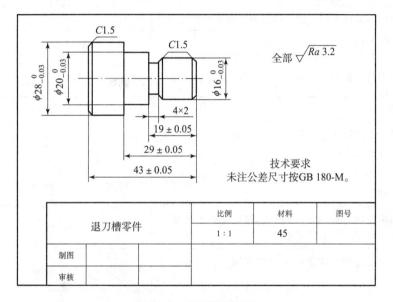

退刀槽零件	比例	材料	图号
	1：1	45	
制图			
审核			

图 5–2　退刀槽零件图

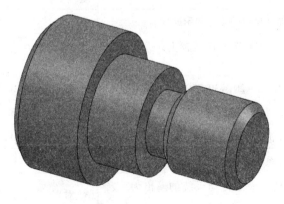

图 5–3　退刀槽零件实体图

任务实施一：分析零件图样（见表5-2）

表5-2　零件图样分析

项目	说　　明
结构分析	该零件由 $\phi28$mm、_____、_____ 三个外圆柱面及_____ mm × _____ mm 的退刀槽组成
确定毛坯材料	根据图样形状和尺寸大小，此零件加工可选用 ϕ_____ mm 圆棒料
精度要求	该零件圆柱面的尺寸要求是：上偏差_____、下偏差_____；表面粗糙度要求为_____ μm；退刀槽未注尺寸公差，精度要求不高
确定装夹方案	以零件_____为定位基准；零件加工零点设在零件左端面和_____的中心；_____卡盘装夹定位

任务实施二：确定加工工艺路线和指令选用（见表5-3）

表5-3　加工工艺路线和指令

序号	工 步 内 容	加工指令
1	粗加工 $\phi28$mm、$\phi20$mm、$\phi16$mm 外圆轮廓	G90
2	（　　）加工 $\phi28$mm、$\phi20$mm、$\phi16$mm 外圆轮廓及右端倒角	G01
3	加工 4mm×2mm 退刀槽	G01
4	加工槽右侧 C1.5 倒角，并保证 4mm×2mm 退刀槽至图纸要求尺寸	G01
5	（　　　）	G01

任务实施三：选用刀具和切削用量（见表5-4）

表5-4　刀具和切削用量

工步序号	刀具规格	主轴转速/$(\mathrm{r \cdot min^{-1}})$	切削深度/mm	进给量/$(\mathrm{mm \cdot r^{-1}})$
1	93°外圆车刀	$n =$（　　）	$a_\mathrm{p} = 1 \sim 2$	$F =$（　　）
2	（　　）刀	$n = 1\ 200$	$a_\mathrm{p} = 0.5$	$F = 0.1$
3	$B = 3$mm 切断刀	$n =$（　　）		$F = 0.1$
4	（　　）刀	$n = 200$		$F = 0.1$
5	$B = 3$mm 切断刀	$n = 200$		$F =$（　　）

任务实施四：确定测量工具（见表5-5）

表5-5 测量工具

序号	名称	规格/mm	精度/mm	数量
1	游标卡尺	0～150	0.02	1
2	外径千分尺	0～25，25～50	0.01	各1

任务实施五：加工操作步骤（见表5-6）

表5-6 加工操作步骤

序号	加工步骤	示　意　图
1	粗加工 ϕ28mm、ϕ20mm、ϕ16mm 外圆轮廓，编写加工程序	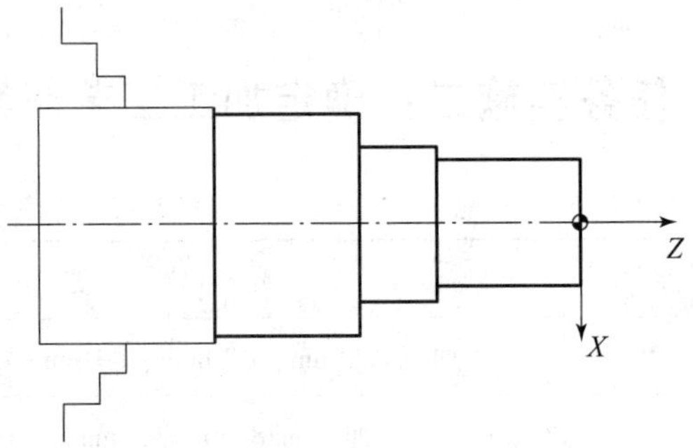
2	精加工 ϕ28mm、ϕ20mm、ϕ16mm 外圆轮廓及右端倒角，编写加工程序	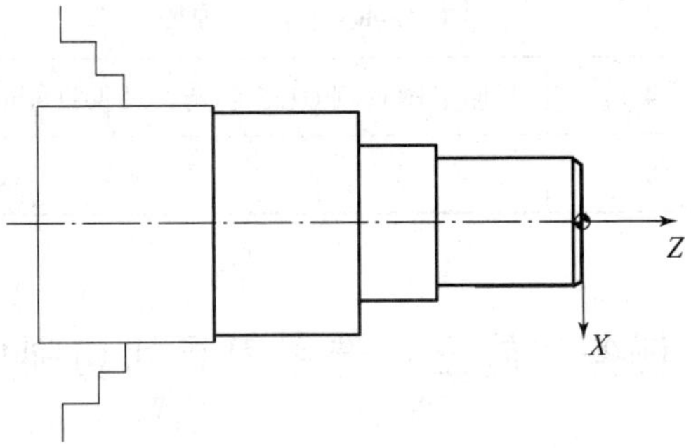
3	加工 4mm×2mm 退刀槽，并加工槽右侧 C1.5 倒角，编写加工程序	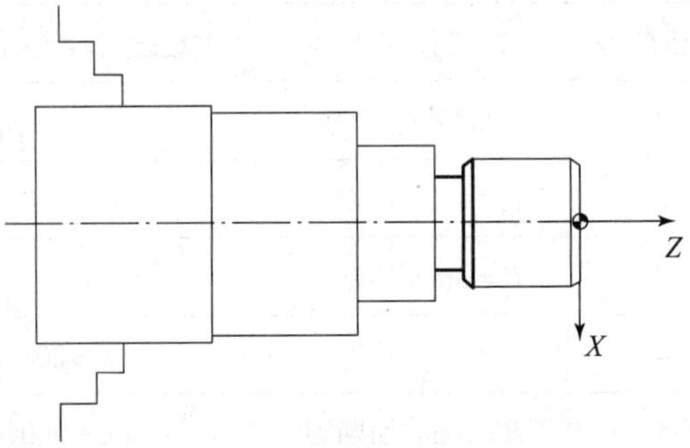

续表

序号	加工步骤	示　意　图
4	切断，编写加工程序	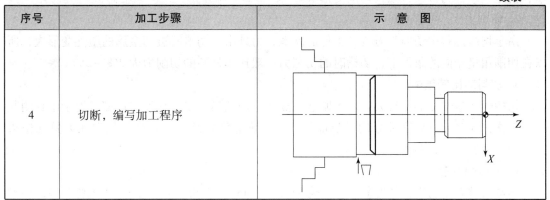

任务实施六：零件评价和检测（见表5-7）

表5-7　零件评价和检测

序号	考核项目	考核内容	配分	评分标准	检测结果	得分	扣分	备注
1	加工操作	$\phi28_{-0.03}^{0}$mm	15	超0.01mm扣5分				
2		$\phi20_{-0.03}^{0}$mm	15	超0.01mm扣5分				
3		$\phi16_{-0.03}^{0}$mm	15	超0.01mm扣2分				
4		$C1.5$倒角（6处）	6	每错一处扣3分				
5		其他尺寸	10	每错一处扣2分				
6		$Ra3.2\mu m$	9	每错一处扣2分				
7	程序与工艺	程序格式规范	10	每错一处扣2分				
8		程序正确、完整	10	每错一处扣2分				
9		切削用量参数设定正确	5	不合理每处扣3分				
10		换刀点与循环起点正确	5	不正确全扣				
11	文明生产	按安全文明生产规定每违反一项扣3分，最多扣20分						

知识一　切槽加工的特点

1. 切削变形大

切槽时，由于切槽刀的主切削刃和左、右副切削刃同时参加切削，切屑排出时，受到槽两侧的摩擦、挤压作用，随着切削的深入，切槽处直径逐渐减小，相对的切削速度逐渐减小，挤压现象更为严重，以致切削变形大。

2. 切削力大

由于切槽过程中切屑与刀具、工件的摩擦，另外由于切槽时被切金属的塑性变形大，所以在切削用量相同的条件下，切槽时的切削力一般比车外圆的切削力大2%～5%。

3. 切削热比较集中

切槽时，塑性变形比较大，摩擦剧烈，故产生切削热也多。另外，切槽刀处于半封闭状态下工作，同时刀具切削部分的散热面积小、切削温度较高，使切削热集中在刀具切削刃上，因此会加剧刀具的磨损。

4. 刀具刚性差

通常切槽刀主切削刃宽度较窄（一般在2～6mm）、刀头狭长，所以刀具刚性差，切槽过程中容易产生振动。

5. 排屑困难

切槽时，切屑是在狭窄的切槽内排出的，受到槽壁摩擦阻力的影响，切屑排出比较困难，并且断碎的切屑还可能卡塞在槽内，引起振动和损坏刀具。所以，切槽时要使切屑按一定的方向卷曲，使其顺利排出。

知识二　切槽加工方法

（1）对于宽度、深度值不大，且精度要求不高的槽，可利用与槽等宽的刀具，通过直接切入一次成形的方法加工，如图5-4所示，刀具切入到槽底后可利用延时指令使刀具短暂停留，以修整槽底圆度，退出过程可采用工进速度。

（2）对于宽度值不大，但深度值较大的深槽零件，为了避免切槽过程中由于排屑不畅，使刀具前部压力过大出现扎刀和折断刀具的现象，应采用分次进刀的方式，刀具在切入工件一定深度后，停止进刀并回退一段距离，以达到断屑和排屑的目的，如图5-5所示，同时注意尽量选择强度较高的刀具。

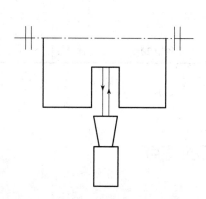

图5-4　简单槽类零件加工方式

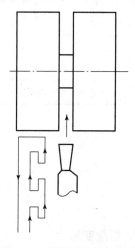

图5-5　深槽零件加工方式

（3）宽槽的切削。宽槽的宽度、深度等精度要求及表面质量要求相对较高，在切削宽槽时常采用多次直进法车削，每次车削轨迹在宽度上略有重叠，并在槽壁及槽的外径留出精加工余量，最后精车槽侧和槽底。加工时需要进行一次粗加工、两次精加工，即第一次进给车槽时，槽壁及底面留精加工余量，第二次进给时修整。宽槽的切削方式如图5-6所示。

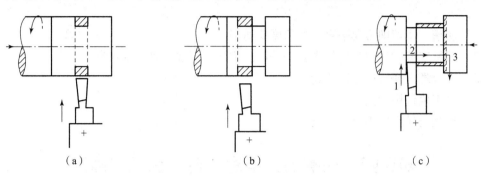

（a）　　　　　　　　　（b）　　　　　　　　　（c）

图5-6　宽槽的切削

（a）第一次直进车削；（b）第二次直进车削；（c）最后一次直进车削后再横向精车槽底

（4）异形槽的加工。对于异形槽的加工，大多采用先切槽然后修整轮廓的方法进行。

知识三　切槽刀具

1. 切槽刀的材料

目前广泛采用的切槽刀材料一般有高速钢和硬质合金两类。其中，硬质合金以其高硬度、耐磨性好和耐高温等特性，在高速切削的数控加工中得到了广泛的应用。

2. 切槽刀几何参数

数控加工中，常用焊接式和机夹式切槽（断）刀，刀片材料一般为硬质合金或硬质合金涂层刀片。硬质合金切槽（断）刀的几何参数如图5-7所示。

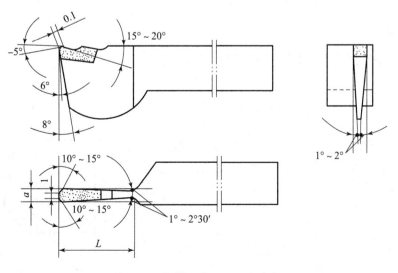

图5-7　切槽（断）刀几何参数

切槽刀的刀头部分长度 = 槽深 + (2～3) mm，刀宽根据需要刃磨。切槽刀主刀刃与两侧副刀刃之间应对称平直。

<h1 style="text-align:center">知识三　切槽加工注意事项</h1>

（1）切槽刀主切削刃要平直，各角度要适当。

（2）刀具安装时刀刃与工件中心要等高，主切削刃要与轴心线平行。

（3）要合理选择转速与进给量。

（4）要正确使用切削液。

（5）槽侧与槽底要平直、清角。

<h1 style="text-align:center">知识四　切槽加工中进、退刀路线的确定</h1>

进、退刀路线的确定是使用 G00、G01 指令编程加工中的一个关键点，切槽加工中尤其应注意合理选择进、退刀路线，综合考虑安全性和进、退刀路线最短的原则，建议采用如图 5－8 （b）所示的进、退刀方式。

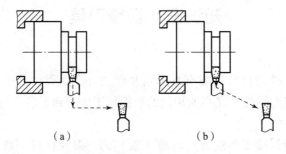

（a）　　　　　　（b）

图 5－8　进、退刀路线的确定

（1）槽加工有何特点？槽加工的主要方法有哪些？

（2）分析如图 5－9 所示梯形槽切削加工路线并写出表 5－8 所示基点坐标（左刀尖为刀位点，刃宽为 3mm）。

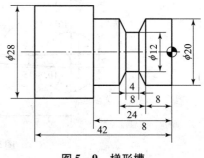

图 5－9　梯形槽

表 5 - 8　基点坐标（刃宽 3mm）

加工阶段	基点	坐标值	加工图
切槽	切入点 A		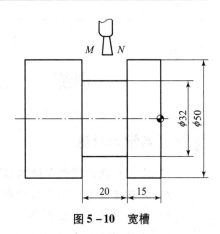
	B		
	切出点 A		
槽侧倒角	切入点 A		
	C		
	D		
切槽	D		
	E		
	切出点 F		

（3）采用 G01 指令编写如图 5 - 10 所示宽槽的加工程序有何缺点？

图 5 - 10　宽槽

活动评价

评价内容与实际比对，能做到的根据程度量在表 5 - 9 相应等级栏中打√号。

表 5 - 9　活动评价表

项目	评 价 内 容	评价等级（学生自我评价）		
		A	B	C
关键能力评价项目	1. 安全意识强			
	2. 着装、仪容符合实习要求			
	3. 积极主动学习			
	4. 无消极怠工现象			
	5. 爱护公共财物和设备设施			
	6. 维护课堂纪律			
	7. 服从指挥和管理			
	8. 积极维护场地卫生			

续表

项目	评价内容	评价等级（学生自我评价）		
		A	B	C
专业能力评价项目	1. 书、本等学习用品准备充分			
	2. 工、量具选择及运用得当			
	3. 理论联系实际			
	4. 积极主动参与程序编辑训练			
	5. 严格遵守操作规程			
	6. 独立完成操作训练			
	7. 独立完成工作页			
	8. 学习和训练质量高			
教师评语		成绩评定		

训练二 复合固定循环 G75 切宽槽

任务学习目标

（1）掌握径向沟槽复合循环 G75 的指令格式。

（2）正确理解 G75 指令段内部参数的意义，能根据加工要求合理确定各参数值。

（3）掌握切槽加工工艺。

（4）运用 G75 指令编写宽槽加工程序。

（5）完成切槽加工，掌握精度控制方法，并进行误差分析。

任务实施课时

12 学时。

任务实施流程

（1）导入新课。

（2）组织学生根据自身认识填写工作页。

（3）根据操作步骤要求，组织学生观看影像资料和示范操作。

（4）组织学生进行项目实际操作。

（5）巡回指导练习。

（6）结合实习要求和资料，对相关理论知识进行讲解。

（7）拓展问题讨论。

（8）学习任务考试。

（9）完成活动评价表。

（10）学习任务情况总结。

 任务所需器材

（1）设备：数控车床、装有 GSK980TD 仿真软件系统的电脑。

（2）工具：数控车床套筒、刀架扳手、加力杆等附件；90°外圆车刀、60°螺纹车刀、B（刃宽）=3mm 切断刀若干套；0～150mm 游标卡尺、0～25mm 千分尺若干把。

（3）辅具：影像资料、课件。

请完成表 5 – 10 中内容。

表 5 – 10 课前导读

序号	实 施 内 容	答案选项	正确答案
1	切槽循环指令 G75 可以用于工件切断加工。	A. 对　　　　　B. 错	
2	G75 指令格式 G75 R(e)； G75 X(U) Z(W) P(Δi) Q(Δk) R(Δd) F； 程序中的 e 值有正负之分。	A. 对　　　　　B. 错	
3	G75 指令格式 G75 R(e)； G75 X(U) Z(W) P(Δi) Q(Δk) R(Δd) F； 程序中，Δi 为 X 向精加工余量，Δk 为 Z 向精加工余量。	A. 对　　　　　B. 错	
4	执行完 G75 后刀具返回循环起点。	A. 对　　　　　B. 错	
5	G75 指令格式中的 Δd 通常不指定，省略 X（U）和 Δi 时，则视为 0。	A. 对　　　　　B. 错	
6	限位开关在电路中所起的作用是_____。	A. 短路保护　　B. 过载保护 C. 欠压保护　　D. 行程控制	
7	插补运算程序可以实现数控机床的_____。	A. 点位控制　　B. 点位直线控制 C. 轮廓控制　　D. 转位换刀控制	
8	AC 控制是指_____。	A. 闭环控制　　B. 半闭环控制 C. 群控系统　　D. 适应控制	
9	数控加工夹具有较高的_____。	A. 表面粗糙度　B. 尺寸精度 C. 定位精度　　D. 以上都不是	
10	极限偏差和公差可以是正、负或者为零。	A. 对　　　　　B. 错	
11	图中没标注形位公差的加工面，表示无形状、位置公差要求。	A. 对　　　　　B. 错	
12	十进制数 131 转换成二进制数是 10000011。	A. 对　　　　　B. 错	
13	机电一体化系统具有_____，适应面广。	A. 弹性　　　　B. 刚性 C. 韧性　　　　D. 柔性	

情 景 描 述

小马通过自身的努力，顺利地加工出了退刀槽零件，这给了小马极大的信心。他决定乘胜追击，继续加工一个如图 5 – 11 所示的宽槽类零件。这次加工，他能如愿以偿吗？

任务实施

根据如图 5 – 12 所示零件图样要求，加工出如图 5 – 13 所示实体零件。

图 5 – 11　宽槽零件

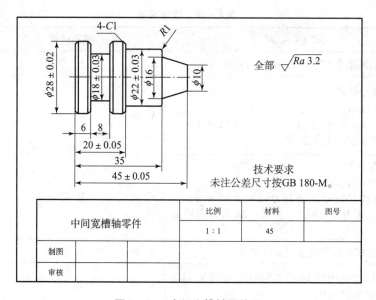

图 5 – 12　中间宽槽轴零件图

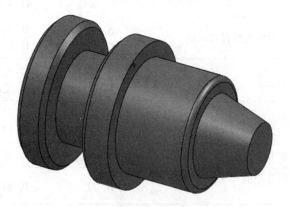

图 5 – 13　中间宽槽轴零件实体图

任务实施一：分析零件图样（见表5-11）

表5-11 零件图样分析

项目	说明
结构分析	该零件由 $\phi28$mm、$\phi22$mm _____ 面及一个圆锥面和一个 $\phi18$mm$\times8$mm 的中间宽槽组成
确定毛坯材料	根据图样形状和尺寸大小，此零件加工可选用 ϕ _____ mm 圆棒料
精度要求	该零件圆柱面的尺寸要求是_____；中间槽的尺寸精度要求是_____；零件的表面粗糙度要求为_____ μm
确定装夹方案	以零件_____为定位基准；零件加工零点设在零件左端面和_____的中心；_____卡盘装夹定位

任务实施二：确定加工工艺路线和指令选用（见表5-12）

表5-12 加工工艺路线和指令

序号	工步内容	加工指令
1	粗加工 $\phi28$mm、$\phi22$mm 圆柱面及右端圆锥面等轮廓	G90
2	（ ）加工 $\phi28$mm、$\phi22$mm 圆柱面及 $\phi28$mm 右端倒角和右端圆锥面等轮廓	G01
3	粗加工 $\phi18$mm$\times8$mm 中间槽	G75
4	精加工 $\phi18\times8$mm 中间槽及倒角	G01
5	（ ）	G01

任务实施三：选用刀具和切削用量（见表5-13）

表5-13 刀具和切削用量

工步序号	刀具规格	主轴转速/(r·min^{-1})	切削深度/mm	进给量/(mm·r^{-1})
1	93°外圆车刀	$n=$（ ）	$a_p=1\sim2$	$F=$（ ）
2	（ ）刀	$n=1\,200$	$a_p=0.5$	$F=0.1$
3	$B=3$mm 切断刀	$n=$（ ）		$F=0.1$
4	（ ）刀	$n=200$		$F=0.1$
5	$B=3$mm 切断刀	$n=200$		$F=$（ ）

任务实施四：确定测量工具（见表5-14）

表5-14　测量工具

序号	名称	规格/mm	精度/mm	数量
1	游标卡尺	0~150	0.02	1
2	外径千分尺	0~25, 25~50	0.01	各1

任务实施五：加工操作步骤（见表5-15）

表5-15　加工操作步骤

序号	加工步骤	示　意　图
1	粗加工 φ28mm、φ22mm 圆柱面及右端圆锥面等轮廓，编写加工程序	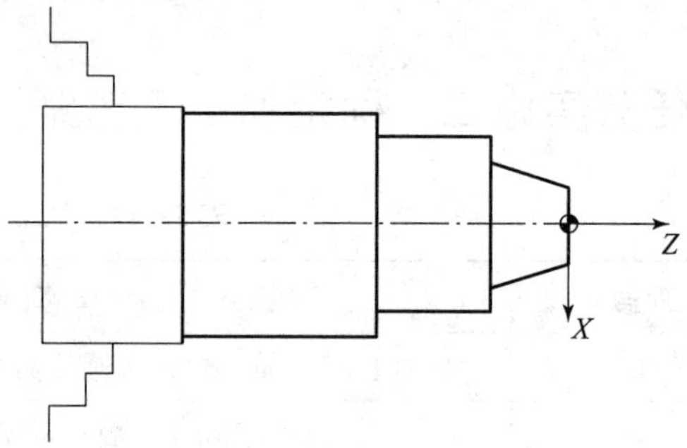
2	（　　）加工 φ28mm、φ22mm 圆柱面及 φ28mm 右端倒角和右端圆锥面等轮廓，编写加工程序	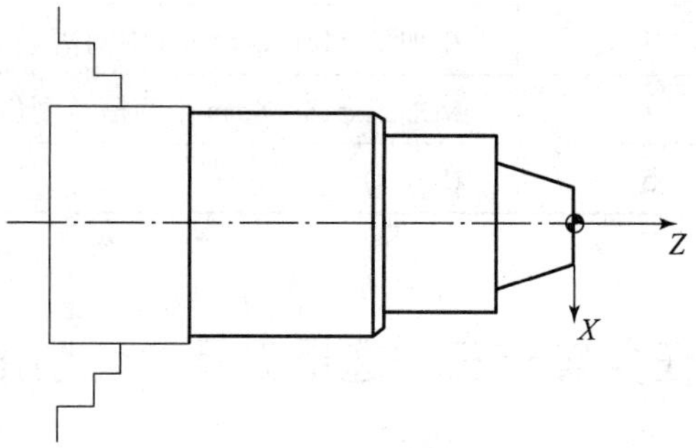
3	粗加工 φ18mm×8mm 中间槽，编写加工程序	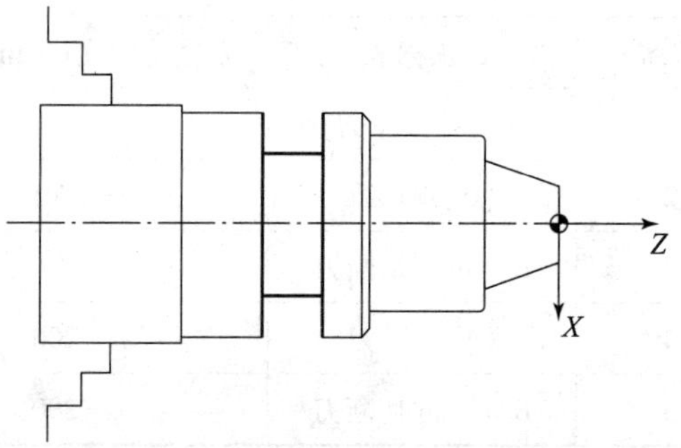

续表

序号	加工步骤	示 意 图
4	精加工 ϕ18mm×8mm 中间槽及倒角，编写加工程序	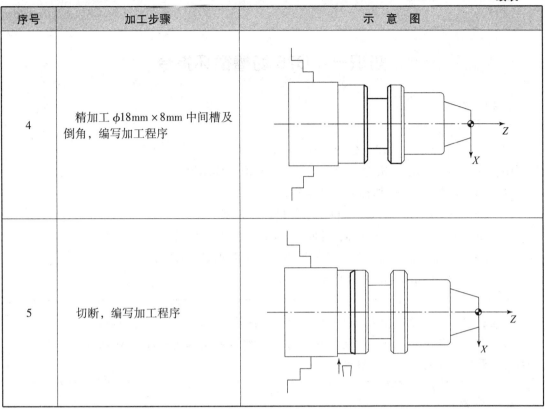
5	切断，编写加工程序	

任务实施六：零件评价和检测（见表5－16）

表5－16 零件评价和检测

序号	考核项目	考核内容	配分	评分标准	检测结果	得分	扣分	备注
1	加工操作	$\phi(28\pm0.02)$ mm	15	超0.01mm扣5分				
2		$\phi(18\pm0.03)$ mm	15	超0.01mm扣5分				
3		$\phi(22\pm0.03)$ mm	10	超0.01mm扣2分				
4		$C1$ 倒角，$R1$ 圆角（共5处）	10	每错一处扣3分				
5		其他尺寸	10	每错一处扣2分				
6		$Ra3.2\mu m$	10	每错一处扣2分				
7	程序与工艺	程序格式规范	10	每错一处扣2分				
8		程序正确、完整	10	每错一处扣2分				
9		切削用量参数设定正确	5	不合理每处扣3分				
10		换刀点与循环起点正确	5	不正确全扣				
11	文明生产	按安全文明生产规定每违反一项扣3分，最多扣20分						

知识一　G75 切槽循环指令

1. 指令格式

G75 R(e)__;

G75 X(U)__ Z(W)__ PΔ*i* QΔ*k* RΔ*d* F__;

程序中，*e*——分层切削每次退刀量，半径量，其值为模态值；

　　　　X(U),Z(W)——切槽终点处坐标；

　　　　Δ*i*——X 方向的每次切深量，半径量；

　　　　Δ*k*——刀具完成一次径向切削后，在 Z 方向的偏移量；

　　　　Δ*d*——刀具在切削底部的 Z 向退刀量，无要求时可省略；

　　　　F——径向切削时的进给速度。

> **注意**：*e*、Δ*i*、Δ*k*、Δ*d* 均由不带符号的半径量表示，方向根据切槽循环起点和终点的位置确定，其中 *e*、Δ*d* 表示退刀量，方向由终点指向起点；Δ*i*、Δ*k* 表示 X、Z 方向的切入量，方向由起点指向终点。

2. 指令说明

G75 循环轨迹如图 5 – 14 所示。

（1）刀具从循环起点（A 点）开始，沿径向进刀 Δ*i* 并到达 C 点；

（2）退刀 *e*（断屑）并到达 D 点；

（3）沿径向进刀 Δ*i* + *e* 并到达 E 点，直至递进切削至径向终点 X 的坐标处；

（4）退到径向起刀点，完成一次切削循环；

（5）沿轴向偏移 Δ*k* 至 F 点，进行第二次径向切削循环；

（6）依次循环直至刀具切削至程序终点坐标处（B 点），径向退刀至起刀点（G 点），再轴向退刀至起刀点（A 点），完成整个切槽循环动作。

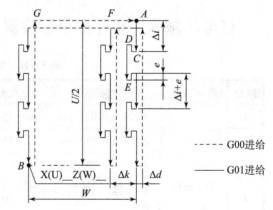

图 5 – 14　径向切槽循环轨迹图

G75 程序段中的 Z(W) 值可省略或设定为 0，当 Z(W) 值设为 0 时，循环执行时刀具仅做 X 向进给而不做 Z 向偏移。

> **注意**：对于程序段中的 Δ*i*、Δ*k* 值，在 FANUC 系统中，P、Q 值以 μm 为单位，不能输入数点，1 000 μm 为 1 mm，如 P2000 表示径向每次切深量为 2 mm。

3. 编程示例

例1：如图 5 - 15 所示工件，试编写其 ϕ32mm 外径槽的加工程序。（切槽刀刃宽 4mm，右刀尖 N 为刀位点。）

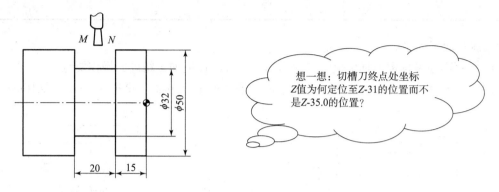

想一想：切槽刀终点处坐标 Z 值为何定位至 Z-31 的位置而不是 Z-35.0 的位置？

图 5 - 15　径向切槽循环示例

1）编程分析

（1）循环参数的确定。

e：分层切削每次退刀量，半径量，取 0.5mm；

X(U)，Z(W)：切槽终点处坐标，为（32.0，- 31.0）；

Δi：X 方向的每次切深量，取值 2mm（半径量），即 P2000；

Δk：刀具完成一次径向切削后，在 Z 方向的偏移量 3.5mm，即 Q3500；

Δd：默认；

F：径向切削时的进给速度，取 F0.1。

（2）循环起点的确定。

G75 指令的循环起点 X 向坐标略大于槽顶直径，Z 向坐标为第一次切入处刀位点的 Z 坐标值，取为（52.0，- 15.0）。

2）程序示例

O0050;

...

M03 T0202 S300;切槽刀,刃宽为 4mm

G00 X52.0 Z - 15;定位至循环起点

G75 R0.5;退刀量 0.5mm

G75 X32　Z - 31　P2000 Q3500 F10;终点坐标(32.0, - 31.0),X 向每次切入量 2mm,

Z 向偏移量 3.5mm,进给量 10mm/min

G00 X100.0 Z100.0;

M30;

拓展知识

（1）采用 G75 径向切槽循环指令加工如图 5 - 16 所示宽外沟槽，回答下列问题。

①编程分析并确定各循环参数（见表 5 - 17）。

表 5 – 17 循环参数

每次退刀量 e	切槽终点坐标	X 方向的每次切深量 Δi	Z 向的每次偏移量 Δk	循环起点

②编写加工程序。

（2）写出通过预留刀具偏值、二次精加工的方法保证加工精度的操作要点。

（3）用 G01 指令编写如图 5 – 17 所示内沟槽的加工程序（已镗孔 $\phi18$mm 至深16mm）。

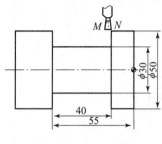

图 5 – 16　宽外沟槽

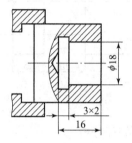

图 5 – 17　内沟槽

 活动评价

评价内容与实际比对，能做到的根据程度量在表 5 – 18 相应等级栏中打√号。

表 5 – 18　活动评价表

项目	评 价 内 容	评价等级（学生自我评价）		
		A	B	C
关键能力评价项目	1. 安全意识强			
	2. 着装、仪容符合实习要求			
	3. 积极主动学习			
	4. 无消极怠工现象			
	5. 爱护公共财物和设备设施			
	6. 维护课堂纪律			
	7. 服从指挥和管理			
	8. 积极维护场地卫生			
专业能力评价项目	1. 书、本等学习用品准备充分			
	2. 工、量具选择及运用得当			
	3. 理论联系实际			
	4. 积极主动参与程序编辑训练			
	5. 严格遵守操作规程			
	6. 独立完成操作训练			
	7. 独立完成工作页			
	8. 学习和训练质量高			
教师评语		成绩评定		

任务六　圆弧轮廓零件的加工

进行轮廓加工的零件的形状，大部分由直线和圆弧构成。前面我们所学的指令，只能进行直线轮廓元素的加工，如何加工具有圆弧轮廓形状的工件呢？今天我们就来解决这个问题。

训练一　G71 加工圆弧轮廓零件

任务学习目标

（1）掌握内、外圆粗、精车循环指令 G71、G70 的指令格式。

（2）正确理解 G71 指令段内部参数的意义、加工轨迹的特点，能根据加工要求合理确定各参数值。

（3）掌握 G71、G70 指令的编程方法及编程规则。

（4）掌握较复杂外轮廓的编程加工，学会尺寸精度的分析方法。

任务实施课时

12 学时。

任务实施流程

（1）导入新课。

（2）组织学生根据自身认识填写工作页。

（3）根据操作步骤要求，组织学生观看影像资料和示范操作。

（4）组织学生进行项目实际操作。

（5）巡回指导练习。

（6）结合实习要求和资料，对相关理论知识进行讲解。

（7）拓展问题讨论。

（8）学习任务考试。

（9）完成活动评价表。

（10）学习任务情况总结。

任务所需器材

（1）设备：数控车床、装有 GSK980TD 仿真软件系统的电脑。

（2）工具：数控车床套筒、刀架扳手、加力杆等附件；外圆车刀、60°螺纹车刀、B（刃宽）=3mm 切断刀若干套；0～150mm 游标卡尺及 0～25mm 和 25～50mm 千分尺若干把。

（3）辅具：影像资料、课件。

请完成表 6-1 中内容。

表 6-1　课前导读

序号	实 施 内 容	答案选项	正确答案
1	大余量毛坯分层切削循环加工路线主要有"矩形"分层切削进给路线和"型车"分层切削进给路线两种形式。	A. 对　　　　B. 错	
2	"G71 U $\triangle d$ Re;"和"G71 P$\underline{ns}$ Q$\underline{nf}$ U $\triangle u$ W $\triangle w$ F$\underline{f}$ S$\underline{s}$ T$\underline{t}$;"中两个 U 值含义相同。	A. 对　　　　B. 错	
3	"G71 U $\triangle d$ Re;"中 Δd 表示每次切削深度为_____值，无正负号。	A. 半径　　　B. 直径	
4	"G71 P$\underline{ns}$ Q$\underline{nf}$ U $\triangle u$ W $\triangle w$ F$\underline{f}$ S$\underline{s}$ T$\underline{t}$;"中 Δu 表示 X 方向的精加工余量为_____值。	A. 半径　　　B. 直径	
5	"G71 P$\underline{ns}$ Q$\underline{nf}$U $\triangle u$ W $\triangle w$ F$\underline{f}$ S$\underline{s}$ T$\underline{t}$;"中 Δw 表示_____方向的精加工余量。	A. X　　　　B. Z	
6	G71 循环中，顺序号 ns 程序段必须沿_____向进刀，且不能出现 Z 坐标字，否则会出现程序报警。	A. X　　　　B. Z	
7	G70 执行过程中的 F 和 S 值，由程序段号 ns 和 nf 之间给出的 F 和 S 值指定。	A. 对　　　　B. 错	
8	G70 精加工时的转速和进给速度与 G71 粗加工时的转速和进给速度相同。	A. 对　　　　B. 错	
9	"G71 P$\underline{ns}$ Q$\underline{nf}$ U $\triangle u$ W $\triangle w$ F$\underline{f}$ S$\underline{s}$ T$\underline{t}$;"中 f 表示粗加工进给速度，在精加工中也有效。	A. 对　　　　B. 错	
10	加工中心与普通数控机床的区别在于_____。	A. 有刀库与自动换刀装置 B. 转速 C. 机床的刚性好 D. 进给速度高	
11	通常 CNC 系统将零件加工程序输入后，存放在_____。	A. RAM 中　　B. ROM 中 C. PROM 中　D. EPROM 中	

续表

序号	实 施 内 容	答案选项	正确答案
12	偏刀一般是指主偏刀_____90°的车刀。	A. 等于　　　　B. 小于 C. 大于	
13	数控加工中，程序调试的目的：一是检查所编程序是否正确；二是把编程零点、加工零点和机床零点相统一。	A. 对　　　　B. 错	
14	辅助时间是指在每道工序中，为了保证完成基本工作而做的各种辅助动作所需的时间。	A. 对　　　　B. 错	
15	加工程序结束之前必须使系统（刀尖位置）返回到_____。	A. 加工原点 B. 工件坐标系原点 C. 机械原点 D. 机床坐标系原点	
16	切削用量包括进给量、背吃刀量和工件转速。	A. 对　　　　B. 错	

情 景 描 述

　　小马看到车间有个学长在加工如图6-1所示的圆弧轮廓零件，光滑漂亮，想起普通车床加工类似零件的"艰难"，对比数控车床的高效、高质量，不禁心向往之。他诚恳、谦虚地向学长请教，学长亦不遗余力地授其以"渔"，小马终于掌握了数控车床加工圆弧类零件的"秘籍"。

图6-1　圆弧轮廓零件

任务实施

　　根据如图6-2所示零件图样要求，加工出如图6-3所示实际零件。

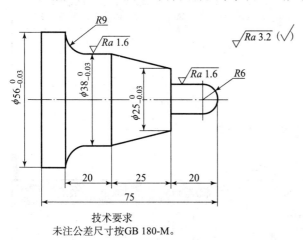

技术要求
未注公差尺寸按GB 180-M。

图6-2　圆弧轮廓零件图

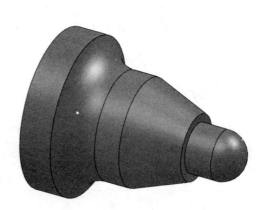

图6-3　圆弧轮廓零件实体图

任务实施一：分析零件图样（见表6-2）

表6-2　零件图样分析

项目	说　明
结构分析	该零件由圆柱、圆锥和_____面组成
确定毛坯材料	根据图样形状和尺寸大小，此零件加工可选用φ_____mm 圆棒料
精度要求	本例中精度要求较高的尺寸分别是_____、_____和_____。表面粗糙度要求较高的 Ra 值是_____μm
确定装夹方案	以零件_____为定位基准；零件加工零点设在零件左端面和_____的中心；_____卡盘装夹定位

任务实施二：确定加工工艺路线和指令选用（见表6-3）

表6-3　加工工艺路线和指令

序号	工 步 内 容	加工指令
1	粗加工 φ56mm、φ38mm、锥面及 φ25mm 外圆轮廓	G71
2	精加工 φ56mm、φ38mm、锥面及 φ25mm 外圆轮廓	G70
3	切断	（　　）

任务实施三：选用刀具和切削用量（见表6-4）

表6-4　刀具和切削用量

工步序号	刀具规格	主轴转速/（r·min⁻¹）	切削深度/mm	进给量/（mm·r⁻¹）
1	93°外圆车刀	$n = $（　　）	$a_p = 1 \sim 2$	$F = $（　　）
2	$B = 3$mm 切断刀	$n = $（　　）		$F = 0.1$

任务实施四：确定测量工具（见表6-5）

表6-5　测量工具

序号	名称	规格/mm	精度/mm	数量
1	游标卡尺	0～150	0.02	1
2	外径千分尺	0～25，25～50	0.01	各1

任务实施五：加工操作步骤（见表6-6）

表6-6 加工操作步骤

序号	加工步骤	示 意 图
1	粗加工 ϕ56mm、ϕ38mm、锥面及 ϕ25mm 外圆轮廓，编写加工程序	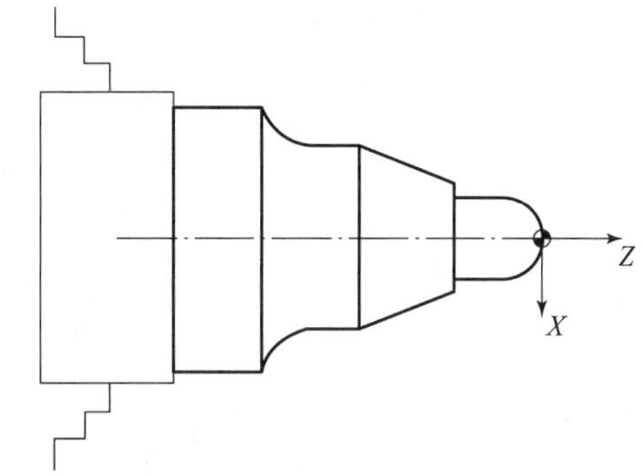
2	精加工 ϕ56mm、ϕ38mm、锥面及 ϕ25mm 外圆轮廓，编写加工程序	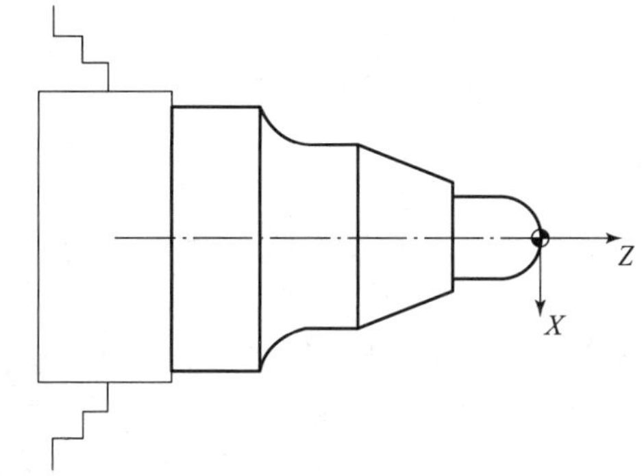
3	切断，编写加工程序	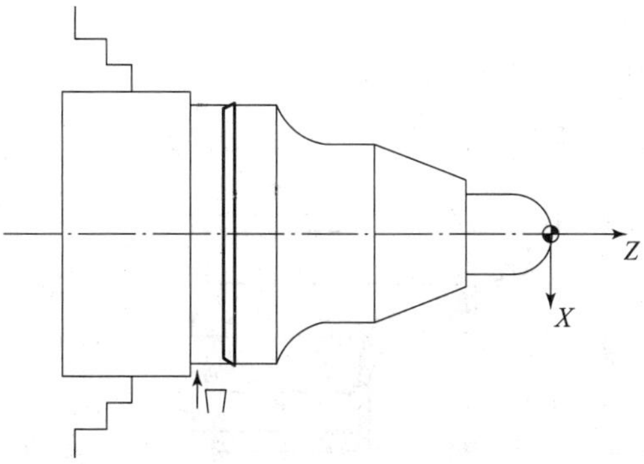

任务实施六：零件评价和检测（见表6-7）

表6-7 零件评价和检测

序号	考核项目	考核内容	配分	评分标准	检测结果	得分	扣分	备注
1	加工操作	$\phi 56_{-0.03}^{0}$ mm	15	超0.01mm扣5分				
2		$\phi 38_{-0.03}^{0}$ mm	15	超0.01mm扣5分				
3		$\phi 25_{-0.03}^{0}$ mm	15	超0.01mm扣2分				
4		$R9$mm	3	每错一处扣3分				
5		其他尺寸	20	每错一处扣2分				
6		$Ra1.6\mu m$，$Ra3.2\mu m$	12	每错一处扣2分				
7	程序与工艺	程序格式规范	5	每错一处扣2分				
8		程序正确、完整	5	每错一处扣2分				
9		切削用量参数设定正确	5	不合理每处扣3分				
10		换刀点与循环起点正确	5	不正确全扣				
11	文明生产	按安全文明生产规定每违反一项扣3分，最多扣20分						

知识一　分层切削加工工艺`

在数控车削加工过程中，考虑毛坯的形状、零件的刚性和结构工艺性、刀具形状、生产效率和数控系统具有的循环切削功能等因素，大余量毛坯分层切削循环加工路线主要有"矩形"分层切削进给路线和"型车"分层切削进给路线两种形式。

"矩形"分层切削进给路线如图6-4所示，为切除图示的双点画部分加工余量，粗加工走的是一条类似于矩形的轨迹。"矩形"分层切削轨迹加工路线较短，加工效率较高，编程方便。

"型车"分层切削进给路线如图6-5所示，为切除图示的双点画线部分加工余量，粗加工和半精加工走的是一条与工件轮廓相平行的轨迹。这种轨迹主要适用于铸造成形、锻造

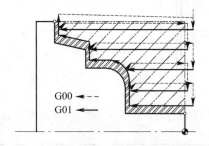

图6-4 "矩形"分层切削进给路线

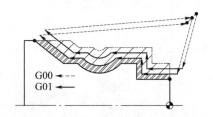

图6-5 "型车"分层切削进给路线

成形或已粗车成形工件的粗加工和半精加工，虽然加工路线较长，但避免了加工过程中的空行程，切削层厚度均匀，更好地保证了零件表面质量。

知识二 切槽加工方法

1. 外圆粗加工复合循环（G71）

1）指令格式

注意：G71指令中两个U值的含义不同

G71 U $\triangle d$ Re；

G71 Pns Qnf U $\triangle u$ W $\triangle w$ Ff Ss Tt；

N ns …；

...   } （用以描述精加工轨迹）

N nf …；

程序中，Δd——每次切削深度（半径值），无正负号；

e——退刀量（半径值），无正负号；

ns——精加工程序段组第一个程序段的顺序号；

nf——精加工程序段组最后一个程序段的顺序号；

Δu——X 方向的精加工余量（直径值）；

Δw——Z 方向的精加工余量；

f——粗加工进给速度，只在粗加工中有效。

2）功能及运动轨迹

G71 主要用于切除棒料毛坯大部分加工余量，切削是沿平行 Z 轴方向进行的，运动轨迹如图 6 – 6 所示。

CNC 装置首先根据用户编写的精加工轮廓，在预留出 X 与 Z 向精加工余量 Δu 和 Δw 后，计算出粗加工实际轮廓的各个坐标值。刀具按层切法将余量去除（刀具向 X 向进刀 Δd，切削外圆后按 e 值 45° 退刀，循环切削直至粗加工余量被切除）。此时工件斜面和圆弧部分形成台阶状表面，然后再精加工轮

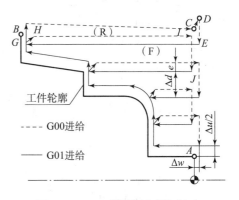

图 6 – 6 G71 外圆粗车循环轨迹

廓光整表面，最终形成在工件 X 向留有 Δu 大小的余量、Z 向留有 Δw 大小余量的轴。

3）指令说明

（1）刀具循环路径如图 6 – 6 所示，刀具从循环起点（C 点）开始，快速退刀至 D 点，退刀量由 Δw 和 Δu/2 值确定；再快速沿 X 向进刀 Δd（半径值）至 E 点；然后按 G01 进给至 G 点后，沿 45° 方向快速退刀至 H 点（X 向退刀量由 e 值确定），Z 向快速退刀至循环起始的 Z 值处（I 点）；再次 X 向进刀至 J 点（进刀量为 $e + \Delta d$）进行第二次切削；如该循环至粗车完成后，再进行平行于精加工表面的半精车（这时，刀具沿精加工表面分别留出 Δw 和 Δu 的加工余量）；半精车完成后，快速退回循环起点，结束粗车循环所有动作。

（2）在使用循环粗加工时，包含在 $ns \sim nf$ 程序段中的 F、S、T 指令功能是无效的，精加工时有效。

2. 精加工循环指令（G70）

1）指令格式

G70 P*ns* Q*nf*;

程序中，*ns*——精加工程序段组第一个程序段的顺序号；

　　　　nf——精加工程序段组最后一个程序段的顺序号。

2）指令说明

（1）执行 G70 循环时，刀具沿工件的实际轨迹进行切削，如图 6-6 中轨迹 *A* 到 *B* 所示。循环结束后刀具返回循环起点。

（2）G70 指令用在 G71、G72、G73 指令的程序内容之后，不能单独使用。

（3）G70 执行过程中的 F 和 S 值，由程序段号 *ns* 和 *nf* 之间给出的 F 和 S 值指定，如下例中的 N100 程序段所示。

3）G71 与 G70 编程示例

例　如图 6-7 所示工件，试采用粗、精车循环指令编写其数控车加工程序。

M3 S600;主轴正转,转速 600r/min

T0101 M08;调入粗车刀,冷却液开

G00 X22 Z2;快速移动,接近工件

G71 U1.5 R0.5;每次切深直径 3mm,退刀 1mm

G71 P1 Q2 U0.5 W0.1 F100;粗车加工,余量 *X* 方向

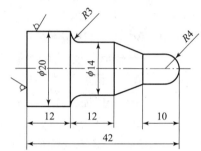

图 6-7　G71/G70 编程示例图

0.5mm、*Z* 方向 0.1mm

N100 G00 X0.0;定位到 *X*0

G01 Z0 F60;

X0;

G03 X8 Z-4 R4;

G01 Z-10.0;

X14.0 Z-18.0;

W-9.0;

G02 X20 Z-30 R3;

N200 G01 W-10.0;

G00 X100.0 Z100.0 M05;快速退刀到安全位置,停主轴

M03 S1200 T0202;调入 2 号精加工刀,执行 2 号刀偏

G0 X22 Z2;快速移动,接近工件

G70 P1 Q2;精车加工

G00 X100.0 Z100.0 M30;快速回到安全位置

精加工路线程序段

想一想：精加工时的转速和进给速度是否与粗加工时的转速和进给速度相同？为什么？

注意：在 FANUC 系列的 G71 循环中，顺序号 *ns* 程序段必须沿 *X* 向进刀，且不能出现 *Z* 坐标字，否则会出现程序报警。

（1）解释内、外圆粗车复合循环 G71 指令格式及参数的含义：

G71 U1.5 R0.5;

G71 P100 Q200 U0.3 W0.05 F0.2;

N100 …;

…;

N200 …;

（2）观看车削动画，讨论 G71 指令加工动作，分析循环的运动轨迹。

（3）如图 6-8 所示，毛坯为 ϕ45mm 的圆钢，选择机夹外圆车刀，用 G71 指令编写粗加工程序、G70 指令编写精加工程序，试将表 6-8 中的程序补充完整。

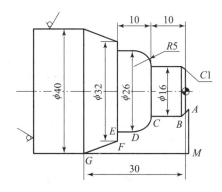

图 6-8 圆弧锥度零件加工

表 6-8 加工程序

程序号	程序	说明
	G00 X100 Z100;	快速定位到换刀点
	M03 S600 T0101;	主轴正转，换 1 号刀，取 1 号刀具补偿
	G00 X__ Z__;	定位至粗车循环起点
	G71 U__ R__;	粗车循环
	G71 P__ Q__ U__ W__ F__;	
N10		精加工轮廓描述
N20		
	G0 X__ Z__;	确定精加工循环起点
	G70 P__ Q__;	精车循环
	G0 X100 Z100;	退刀
	M30;	程序结束

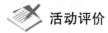 **活动评价**

评价内容与实际比对，能做到的根据程度量在表6－9相应等级栏中打√号。

表6－9　活动评价

项目	评价内容	评价等级（学生自我评价）		
		A	B	C
关键能力评价项目	1. 安全意识强			
	2. 着装、仪容符合实习要求			
	3. 积极主动学习			
	4. 无消极怠工现象			
	5. 爱护公共财物和设备设施			
	6. 维护课堂纪律			
	7. 服从指挥和管理			
	8. 积极维护场地卫生			
专业能力评价项目	1. 书、本等学习用品准备充分			
	2. 工、量具选择及运用得当			
	3. 理论联系实际			
	4. 积极主动参与程序编辑训练			
	5. 严格遵守操作规程			
	6. 独立完成操作训练			
	7. 独立完成工作页			
	8. 学习和训练质量高			
教师评语		成绩评定		

训练二　车刀刃磨

　　如果选择普通车刀加工工件，则必须通过刃磨来得到正确的车刀几何角度；在车削过程中，车刀切削刃会变钝而失去切削能力，也只有通过刃磨才能恢复切削刃的锋利和正确的车刀角度。因此，数控车床操作工不仅要能够合理地选择车刀几何角度，还必须熟练地掌握车刀的刃磨技能。

　　本任务将以90°硬质合金焊接车刀为例，练习车刀刃磨方法。45°车刀、75°车刀和90°车刀的刃磨方法基本相同。

任务学习目标

（1）具有根据车刀材料选择砂轮的能力。

（2）具备正确使用砂轮机的技能。

（3）刃磨90°硬质合金焊接车刀。

 任务实施课时

12学时。

 任务实施流程

（1）导入新课。

（2）组织学生根据自身认识填写工作页。

（3）根据操作步骤要求，组织学生观看影像资料和示范操作。

（4）组织学生进行项目实际操作。

（5）巡回指导练习。

（6）结合实习要求和资料，对相关理论知识进行讲解。

（7）拓展问题讨论。

（8）学习任务考试。

（9）完成活动评价表。

（10）学习任务情况总结。

 任务所需器材

（1）设备：数控车床、装有GSK980TD仿真软件系统的电脑。

（2）工具：数控车床套筒、刀架扳手、加力杆等附件；90°外圆车刀、60°螺纹车刀、B（刃宽）=3mm切断刀若干套；0～150mm游标卡尺、0～25mm千分尺若干把。

（3）辅具：影像资料、课件。

请完成表6－10中内容。

表6－10　课前导读

序号	实 施 内 容	答案选项		正确答案
1	刃磨车刀之前，首先要根据车刀材料来选择砂轮的种类。	A. 对	B. 错	
2	按磨料不同，常用的砂轮有氧化铝砂轮和碳化硅砂轮两类。	A. 对	B. 错	
3	氧化铝砂轮的颜色是_____。	A. 白色	B. 绿色	

序号	实 施 内 容	答案选项		正确答案
4	适合刃磨硬质合金车刀硬质合金部分的是_____砂轮。	A. 氧化铝	B. 碳化硅	
5	刃磨刀具时操作者应站立在砂轮机的_____，一台砂轮机以一人操作为好。	A. 正面	B. 侧面	
6	平形砂轮一般可用_____在砂轮上来回修整。	A. 砂轮刀	B. 金刚石笔	
7	刃磨硬质合金焊接车刀时，应及时冷却。	A. 对	B. 错	
8	车刀接触砂轮后应做_____方向移动。	A. 左右	B. 上下	
9	刃磨后的车刀，其切削刃有时不够平滑光洁，可用油石研磨。	A. 对	B. 错	
10	_____是在钢中加入较多的钨、钼、铬、钒等合金元素，用于制造形状复杂的切削刀具。	A. 硬质合金 C. 合金工具钢	B. 高速钢 D. 碳素工具钢	
11	若主偏角增大，则刀尖散热条件差，径向抗力增大。	A. 对	B. 错	
12	车刀在主截面内，前刀面与后刀面的夹角为_____。	A. 前角 C. 楔角	B. 后角 D. 刃倾角	
13	切削时切削刃会受到很大的压力和冲击力，因此刀具必须具备足够的_____。	A. 硬度 C. 工艺性	B. 强度和韧性 D. 耐磨性	
14	负前角仅适用于硬质合金车刀车削锻件、铸件毛坯和_____的材料。	A. 硬度低 C. 耐热性	B. 硬度很高 D. 强度高	
15	在数控机床上，考虑工件的加工精度要求、刚度和变形等因素，可按_____划分工序。	A. 粗、精加工 C. 定位方式	B. 所用刀具 D. 加工部位	
16	车床镗孔时，镗刀刀尖一般应与工件旋转中心等高。	A. 对	B. 错	

情 景 描 述

自从进入数控车床工艺与技能课题实习以来，小马一直用机夹刀加工工件，数控车床能否采用普通车刀（见图 6-9）加工工件呢？小马从老师处得到的答案是肯定的。如果采用普通车刀加工工件，当然要学会普通车刀的刃磨。小马又面临了新的课题：刃磨车刀。

任务实施

图 6-10 所示为车削钢料用的 90°硬质合金车刀，又

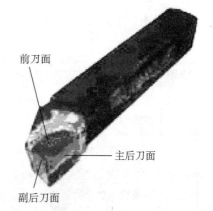

前刀面

主后刀面

副后刀面

图 6-9 普通车刀

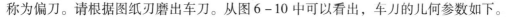

称为偏刀。请根据图纸刃磨出车刀。从图 6 - 10 中可以看出，车刀的几何参数如下。

（1）主偏角 $\kappa_r = 90°$，副偏角 $\kappa_r' = 8°$。

（2）前角 $\gamma_o = 15°$。

（3）主后角 $\alpha_o = 8° \sim 11°$。

（4）刃倾角 $\lambda_s = 5°$。

（5）断屑槽宽度为 5mm。

（6）刀尖圆弧半径为 $1 \sim 2mm$。

（7）倒棱宽度为 0.5mm，倒棱前角为 $-5°$。

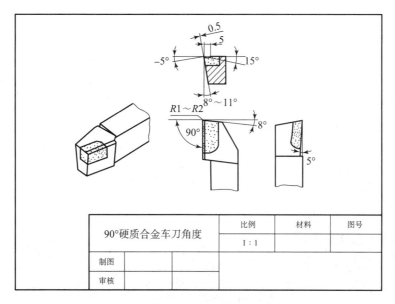

90°硬质合金车刀角度		比例	材料	图号
		1 : 1		
制图				
审核				

图 6 - 10　90°硬质合金车刀

任务实施一：工艺分析

（1）可以先用 20mm × 20mm × 150mm 的 45 钢练习磨刀，再刃磨 90°硬质合金焊接车刀。

（2）45°、75°车刀的刃磨方法与 90°车刀基本相同。

任务实施二：准备工作

（1）20mm × 20mm × 150mm 的 45 钢和 90°硬质合金焊接车刀。

（2）设备：砂轮机若干台。

（3）砂轮的选用。

针对刃磨 90°硬质合金焊接车刀不同部位，选用不同的砂轮，见表 6 - 11。

表 6-11 刃磨 90°车刀的砂轮选用

刃磨车刀部位	刃磨车刀刀柄部分	粗磨车刀切削部分	刃磨断屑槽	精磨车刀切削部分
选用的砂轮	粒度号为 24#~36#、硬度为 K 或 L 的白色的氧化铝砂轮	粒度号为 36#~60#、硬度为 G 或 H 的绿色碳化硅砂轮		粒度号为 180#或 220#、硬度为 G 或 H 的绿色碳化硅砂轮

（4）量具及油石：角度样板，车刀量角器，油石。

任务实施三：刃磨步骤

1. 磨主后面

人站在砂轮左侧面，两脚分开，腰稍弯，右手捏刀头，左手握刀柄，刀柄与砂轮轴线平行，车刀放在砂轮水平中心位置，如图 6-11 所示。磨出主后面、主后角（角度为 8°~11°）和主偏角（角度大约为 90°）。

2. 磨副后面

人站在砂轮偏右侧一些，左手捏刀头，右手握刀柄，其他与磨主后面相同，同时磨出副后面、副后角（角度为 5°~8°）、副偏角（角度为 8°~12°），如图 6-12 所示。

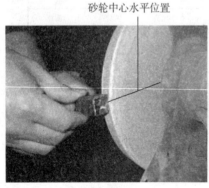

图 6-11 磨主后面   图 6-12 磨副后面

3. 磨前面

一般是左手捏刀头，右手握刀柄，刀柄保持平直，磨出前面，如图 6-13 所示。

4. 磨断屑槽

左手拇指与食指握刀柄上部，右手握刀柄下部，刀头向上。刀头前面接触砂轮的左侧交角处，并与砂轮外圆周面成一夹角（车刀上的前角由此产生，前角为 15°~20°），磨削时如图 6-14 所示。图 6-15（a）所示为磨好后正确的断屑槽，图 6-15（b）所示为磨好后不正

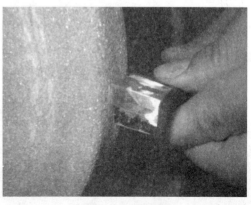

图 6-13 磨前面

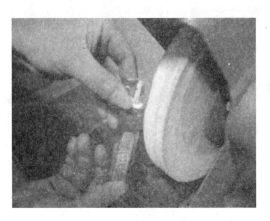

图 6-14　磨断屑槽

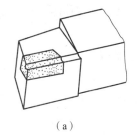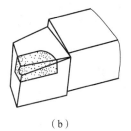

（a）　　　　　　　　　（b）

图 6-15　断屑槽

（a）正确断屑槽；（b）不正确断屑槽

确的断屑槽。

> **注意**：（1）刃磨断屑槽时，砂轮的交角处应经常保持尖锐或具有一定的圆弧状。当砂轮棱边磨损出较大圆角时，应及时用金刚石笔或硬砂条修整。
>
> （2）刃磨断屑槽时的起点位置应该与刀尖、主切削刃离开一定距离，防止主切削刃和刀尖被磨坍。一般起始位置与刀尖的距离等于断屑槽长度的 1/2 左右，与主切削刃的距离等于断屑槽宽度的 1/2 再加上倒棱的宽度。
>
> （3）刃磨断屑槽时，不能用力过大，车刀应沿刀柄方向做上下缓慢移动。要特别注意刀尖，避免把断屑槽的前端口磨坍。
>
> （4）刃磨过程中应反复检查断屑槽的形状、位置及前角的大小。对于尺寸较大的断屑槽，可分粗磨和精磨两个阶段，尺寸较小的则可一次刃磨成形。

任务实施六：工件评价和检测（见表 6-12）

表 6-12　工件评价和检测

序号	考核项目	考核内容	配分	评分标准	检测结果	得分	扣分	备注
1		主偏角	15	不正确全扣				
2		副偏角	15	不正确全扣				
3	加工操作	主后角	15	不正确全扣				
4		断屑槽	15	不正确全扣				
5		倒棱	10	不正确全扣				
6	劳动态度及纪律	劳动态度	15	违反一次扣 5~10 分				
7		纪律	15					
8	文明生产	按安全文明生产规定每违反一项扣 3 分，最多扣 20 分						

相关知识

知识一　砂　轮

刃磨车刀之前，首先要根据车刀材料来选择砂轮的种类，否则将达不到良好的刃磨效果。

刃磨车刀的砂轮大多采用平形砂轮，精磨时也可采用杯形砂轮，如图 6-16 所示。

（a）　　　　　　　　　　　　　　　　　（b）

图 6-16　砂轮

（a）平形砂轮；（b）杯形砂轮

按磨料不同，常用的砂轮有氧化铝砂轮和碳化硅砂轮两类，其性能及用途见表 6-13。

表 6-13　砂轮的种类和用途

种类	颜色	性　能	适用场合
氧化铝砂轮	白色	磨粒韧性好，比较锋利，硬度较低，自锐性好	刃磨高速钢车刀和硬质合金车刀的刀柄部分
碳化硅砂轮	绿色	磨粒的硬度高，刃口锋利，但脆性较大	刃磨硬质合金车刀的硬质合金部分

知识二　砂　轮　机

砂轮机是用来刃磨各种刀具、工具的常用设备，由机座 1、防护罩 2、电动机 3、砂轮 4 和控制开关 5 等组成，如图 6-17 所示。

砂轮机上有绿色和红色控制开关，用以启动和停止砂轮机。

图 6 – 17　砂轮机

1—机座；2—防护罩；3—电动机；4—砂轮；5—控制开关（绿色和红色 2 个开关）

注意：（1）新安装的砂轮必须经严格检查。在使用前要检查外表有无裂纹，可用硬木轻敲砂轮，检查其声音是否清脆。如果有碎裂声，则必须重新更换砂轮。

（2）在试转合格后才能使用。新砂轮安装完毕，先点动或低速试转，若无明显振动，再改用正常转速空转 10min，情况正常后才能使用。

（3）安装后必须保证装夹牢靠、运转平稳。砂轮机启动后，应在砂轮旋转平稳后再进行刃磨。

（4）砂轮旋转速度应小于允许的线速度，过高会爆裂伤人，过低又会影响刃磨质量。

（5）若砂轮跳动明显，应及时修整。平形砂轮一般可用砂轮刀在砂轮上来回修整，杯形细粒度砂轮可用金刚石笔或硬砂条修整。

知识三　刃磨姿势和方法

刃磨车刀时，操作者应站立在砂轮机的侧面，以防砂轮碎裂时碎片飞出伤人，还可防止砂粒飞入眼中。双手握车刀，两肘应夹紧腰部，这样可以减小刃磨时的抖动。

刃磨时，车刀应放在砂轮的水平中心，刀尖略微上翘 3°～8°，车刀接触砂轮后应做左右方向水平移动；车刀离开砂轮时，刀尖需向上抬起，以免砂轮碰伤已磨好的刀刃。

注意：（1）充分认识到越是简单的高速旋转设备，就越危险。刃磨时须戴防护眼镜，操作者应站立在砂轮机的侧面，一台砂轮机以一人操作为好。

（2）如果砂粒飞入眼中，不能用手去擦，应立即去医务室清除。

（3）使用平形砂轮时，应尽量避免在砂轮的端面上刃磨。

（4）刃磨高速工具钢车刀时，应及时冷却，以防刀刃退火，致使硬度降低。而刃磨硬质合金焊接车刀时，则不能浸水冷却，以防刀片因骤冷而崩裂。

（5）刃磨时，砂轮旋转方向必须由刃口向刀体方向转动，以免使刀刃出现锯齿形缺陷。

（1）说明刃磨90°外圆车刀的步骤和方法。

（2）外圆切槽刀以横向进给为主，图6-18所示为切槽刀的几何形状，其前端的切削刃为主切削刃，两侧的切削刃是副切削刃。前角 $\gamma_0 = 5° \sim 20°$；主后角 $\alpha_0 = 6° \sim 8°$，两个副后角 $\alpha_1 = 1° \sim 3°$，主偏角 $\kappa_r = 90°$，两个副偏角 $\kappa_r' = 1° \sim 1.5°$。

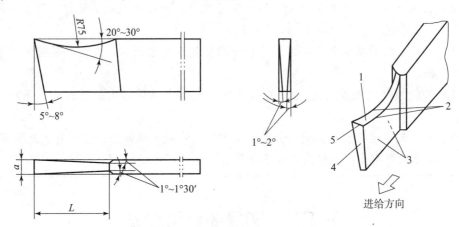

图6-18 高速钢切槽刀的形状

1—前面；2—副切削刃；3—副后面；4—主后面；5—主切削刃

请先用 20mm×20mm×150mm 的45#方钢练习，再以 20mm×20mm×150mm 的高速钢练习刃磨该刀。

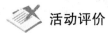 **活动评价**

评价内容与实际比对，能做到的根据程度量在表6-14相应等级栏中打√号。

表6-14　活动评价

项目	评 价 内 容	评价等级（学生自我评价）		
		A	B	C
关键能力评价项目	1. 安全意识强			
	2. 着装、仪容符合实习要求			
	3. 积极主动学习			
	4. 无消极怠工现象			
	5. 爱护公共财物和设备设施			
	6. 维护课堂纪律			
	7. 服从指挥和管理			
	8. 积极维护场地卫生			
专业能力评价项目	1. 书、本等学习用品准备充分			
	2. 工、量具选择及运用得当			
	3. 理论联系实际			
	4. 积极主动参与程序编辑训练			
	5. 严格遵守操作规程			
	6. 独立完成操作训练			
	7. 独立完成工作页			
	8. 学习和训练质量高			
教师评语		成绩评定		

任务七 套类零件的加工

套类零件亦是机械加工中经常遇到的典型零件之一，其主要作用是支承和保护转动零件，或用来保护与其外壁相配合的表面。本次任务我们来学习利用数控车床加工套类零件。

 任务学习目标

（1）巩固内、外圆粗车复合循环 G71 的指令格式，理解 G71 指令段内部参数的意义。

（2）合理确定内轮廓加工路线，正确给出轮廓基点坐标。

（3）熟悉车内孔加工工艺。

（4）掌握内孔车刀的装刀、对刀及刀补设定等相关操作。

（5）掌握数控内孔车刀的相关知识，合理选择切削用量。

（6）完成工件内轮廓车削，掌握数控加工中内孔尺寸的修调方法。

 任务实施课时

24 学时。

 任务实施流程

（1）导入新课。

（2）组织学生根据自身认识填写工作页。

（3）根据操作步骤要求，组织学生观看影像资料和示范操作。

（4）组织学生进行项目实际操作。

（5）巡回指导练习。

（6）结合实习要求和资料，对相关理论知识进行讲解。

（7）拓展问题讨论。

（8）学习任务考试。

（9）完成活动评价表。

（10）学习任务情况总结。

 任务所需器材

（1）设备：数控车床、装有 GSK980TD 仿真软件系统的电脑。

（2）工具：数控车床套筒、刀架扳手、加力杆等附件；90°外圆车刀、60°螺纹车刀、B（刃宽）=3mm 切断刀若干套；0～150mm 游标卡尺及 0～25mm 和 25～50mm 千分尺若干把。

（3）辅具：影像资料、课件。

请完成表 7-1 中内容。

表 7-1 课前导读

序号	实 施 内 容	答案选项		正确答案
1	车孔精度一般可达 IT7~IT8。	A. 对	B. 错	
2	车孔的表面粗糙度一般可达 $Ra1.6~3.2\mu m$。	A. 对	B. 错	
3	车孔的关键技术是解决内孔车刀的刚性问题和内孔车削过程中的排屑问题。	A. 对	B. 错	
4	刀柄伸出越长,车孔刀的刚度越高。	A. 对	B. 错	
5	孔径尺寸精度要求较低时,可采用钢直尺、内卡钳或_____测量。	A. 游标卡尺	B. 千分尺	
6	在成批生产中,为了测量方便,常用_____测量孔径。	A. 游标卡尺　B. 千分尺 C. 内径百分表　D. 塞规		
7	内径百分表主要用于测量精度要求较高而且又较_____的孔。	A. 深	B 浅	
8	安装内孔车刀时,刀尖应与工件中心等高或稍_____。	A. 高	B. 低	
9	孔的形状精度主要有圆度和_____。	A. 垂直度　B. 平行度 C. 同轴度　D. 圆柱度		
10	孔、轴公差带代号由基本偏差与标准公差数值组成。	A. 对	B. 错	
11	数控加工的夹紧方式尽量采用机械、电动、气动方式。	A. 对	B. 错	
12	划线确定了工件的尺寸界限,但通常不能依靠划线直接确定,加工时的最后尺寸,必须在加工过程中通过_____来保证准确度。	A. 测量　B. 划线 C. 加工　D. 装夹		
13	镗孔的关键技术是_____。	A. 解决车刀刚性及排屑问题 B. 孔与轴的配合尺寸精度 C. 冷却液的成分 D. 工件的毛坯尺寸大小		
14	利用计算机进行零件设计称为 CAD。	A. 对	B. 错	
15	数控机床伺服系统是以_____为直接控制目标的自动控制系统。	A. 机械运动速度 B. 机械位移 C. 切削力 D. 切削速度		
16	在机电一体化系统中完成信息采集、处理任务的是(　　)部分。	A. 控制　B. 执行 C. 动力　D. 检测		

情景描述 ✏️

小马现在开始对套类零件（见图7-1）发动"进攻"了，他向老师请教，明白了套类零件仍采用固定循环进行编程，编程的难度较低，但车削内孔的加工工艺难度较高。因此，在车孔前，他提前了解车孔过程中可能产生的误差并尽量在加工过程中进行避免，既提高了孔的加工精度，又提高了加工效率。

任务实施

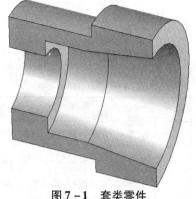

图7-1 套类零件

根据如图7-2所示零件图样要求，加工出如图7-3所示实体零件。

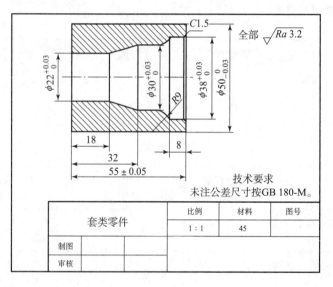

图7-2 套类零件图

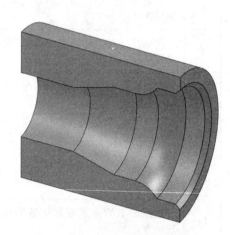

图7-3 套类零件实体图

任务实施一：分析零件图样（见表7-2）

表7-2 零件图样分析

项目	说　　明
结构分析	该零件由圆柱面、内圆柱面、内圆弧面和_____面组成
确定毛坯材料	根据图样形状和尺寸大小，此零件加工可选用φ_____ mm 圆棒料
精度要求	本任务最高要求的尺寸精度为_____；最高要求的表面粗糙度为_____
确定装夹方案	以零件_____为定位基准；零件加工零点设在零件左端面和_____的中心；_____卡盘装夹定位

任务实施二：确定加工工艺路线和指令选用（见表7-3）

表7-3　加工工艺路线和指令

序号	工 步 内 容	加工指令
1	（　　）车内形轮廓	G71
2	精车内形轮廓	（　　）
3	切断	G01

任务实施三：选用刀具和切削用量（见表7-4）

表7-4　刀具和切削用量

工步序号	刀具规格	主轴转速/(r·min⁻¹)	切削深度/mm	进给量/(mm·r⁻¹)
1	93°内孔机夹刀	$n=$（　　）	$a_p=1\sim2$	$F=$（　　）
2	$B=3$mm 切断刀	$n=$（　　）		$F=$（　　）

任务实施四：确定测量工具（见表7-5）

表7-5　测量工具

序号	名称	规格/mm	精度/mm	数量
1	游标卡尺	0~150	0.02	1
2	外径千分尺	0~25，（　　）	（　　）	各1

任务实施五：加工操作步骤（见表7-6）

表7-6　加工操作步骤

序号	加工步骤	示　意　图
1	（　　）车内形轮廓，编写加工程序	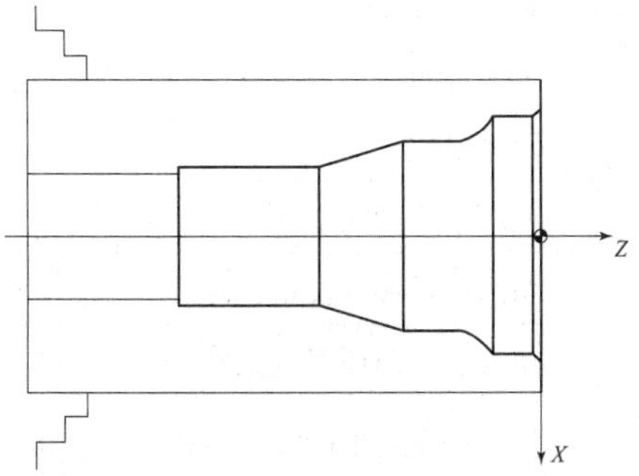

续表

序号	加工步骤	示　意　图
2	精车内形轮廓，编写加工程序	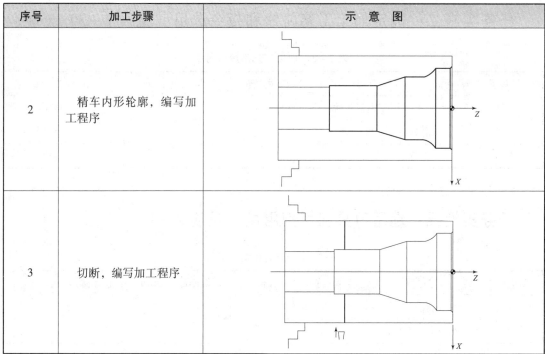
3	切断，编写加工程序	

任务实施六：零件评价和检测（见表7-7）

表7-7　零件评价和检测

序号	考核项目	考核内容	配分	评分标准	检测结果	得分	扣分	备注
1		$\phi50_{-0.03}^{0}$ mm	15	超0.01mm扣5分				
2		$\phi38_{0}^{+0.03}$ mm	15	超0.01mm扣5分				
3		$\phi30_{0}^{+0.03}$ mm	15					
4	加工操作	$\phi22_{0}^{+0.03}$ mm	15					
5		（55±0.05）mm	10	超0.01mm扣2分				
6		C1.5倒角	3	每错一处扣3分				
7		其他尺寸	10	每错一处扣2分				
8		$Ra3.2\mu m$	10	每错一处扣2分				
9		程序格式规范	2	每错一处扣1分				
10	程序与工艺	程序正确、完整	1	每错一处扣1分				
11		切削用量参数设定正确	2	不合理每处扣2分				
12		换刀点与循环起点正确	2	不正确全扣				
13	文明生产	按安全文明生产规定每违反一项扣3分，最多扣20分						

相关知识

知识一 车 孔 刀

车孔是常用的孔加工方法之一，可用作粗加工，也可用作精加工。车孔精度一般可达
IT7~IT8，表面粗糙度为 $Ra1.6~3.2\mu m$。根据不同的加工情况，车孔刀可分为通孔车刀和
盲孔车刀两种，见表7-8。

表7-8　车孔刀

车孔	车 通 孔	车 盲 孔
车孔刀	通孔车刀是用来车通孔的，其几何形状基本上与75°外圆车刀相似。 为了减小背向力 F_p，防止振动，主偏角 κ_r 应取较大，一般取 $\kappa_r = 60° ~ 75°$；副偏角取 $\kappa'_r = 15° ~ 30°$	盲孔车刀用来车盲孔或台阶孔，切削部分的几何形状基本上与偏刀相似。 盲孔车刀的主偏角一般取 $\kappa_r = 90° ~ 95°$。车盲孔时，刀尖在刀柄的最前端，刀尖与刀柄外端的距离 a 应小于内孔半径 R，同时刀尖应与工件轴线中心严格对准，否则就无法车平盲孔的底平面。 车台阶孔时，只要和孔壁不碰即可
	前排屑通孔车刀的几何参数为：$\kappa_r = 75°$，$\kappa'_r = 15°$，$\lambda_s = 6°$。磨出的断屑槽或圆弧形卷屑槽，使切屑排向孔的待加工表面，即向前排屑	后排屑盲孔车刀的几何参数为：$\kappa_r = 93°$，$\kappa'_r = 6°$，$\lambda_s = -4° ~ 0°$。其上磨有卷屑槽，使切屑成螺卷状向尾座方向排出孔外，即后排屑

前排屑通孔车刀

后排屑盲孔车刀

续表

车孔	车 通 孔	车 盲 孔
通孔刀柄	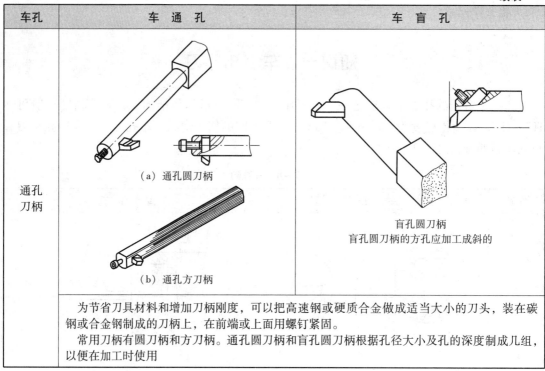（a）通孔圆刀柄 （b）通孔方刀柄	盲孔圆刀柄 盲孔圆刀柄的方孔应加工成斜的
	为节省刀具材料和增加刀柄刚度，可以把高速钢或硬质合金做成适当大小的刀头，装在碳钢或合金钢制成的刀柄上，在前端或上面用螺钉紧固。 常用刀柄有圆刀柄和方刀柄。通孔圆刀柄和盲孔圆刀柄根据孔径大小及孔的深度制成几组，以便在加工时使用	

知识二　车孔的关键技术

车孔的关键技术是解决内孔车刀的刚性问题和内孔车削过程中的排屑问题。增强车孔刀刚度的措施和控制排屑的方法见表 7-9。

表 7-9　增强车孔刀刚度的措施和控制切屑的方法

内容		图　示	说　明
增强车孔刀的刚度	尽量增加刀柄截面积	（a）　　　　（b）	车孔刀的刀尖位于刀柄上面，刀柄的截面积较小，仅有孔截面积的 1/4，见图（a）。 车孔刀的刀尖位于刀柄的中心线上，这样刀柄的截面积可达到最大程度，见图（b）
	减小刀柄伸出长度	L_1 L_2	刀柄伸出越长，车孔刀的刚度越低，容易引起振动。刀柄伸出长度只要略大于孔深即可。刀尖要对准工件中心或稍高，刀杆与轴心线平行。为了确保安全，可在车孔前，先用内孔刀在孔内试走一遍。精车内孔时，应保持刀刃锋利，否则容易产生让刀，把孔车成锥形

续表

内容		图　示	说　明
控制排屑	前排屑	解决排屑问题主要是控制切屑流出方向	车通孔或精车孔时要求切屑流向待加工表面（前排屑），因此用正刃倾角
	后排屑		车盲孔时采用负刃倾角，使切屑向孔口方向排出（后排屑）

知识三　数控车床进、退刀路线的确定

数控系统确定进、退刀路线时，首先考虑安全性，即在进、退刀过程中不能与工件或夹具发生碰撞；其次要考虑进、退刀路线最短。

（1）回程序原点路线。数控车回参考点的过程中，首先应先进行 X 向回参考点，再进行 Z 向回参考点，以避免刀架上的刀具与顶尖等夹具发生碰撞。

（2）斜线退刀方式。斜线进、退刀方式路线最短，如图 7-4（a）所示，外圆表面刀具的退刀常采用这种方式。

（3）径—轴向退刀方式。先径向垂直退刀，到达指定点后再轴向退刀。如图 7-4（b）所示，外切槽常采用这种进、退刀方式。

（4）轴—径向退刀方式。先轴向退刀，再径向退刀，如图 7-4（c）所示，内孔车削刀具常采用这种进、退刀方式。

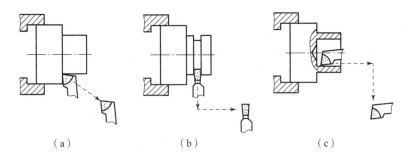

（a）　　　　　　　（b）　　　　　　　（c）

图 7-4　进、退刀路线的确定

想一想：固定循环编程时，是否要编写进退刀程序？

知识三　内孔的测量

测量孔径尺寸时，应根据工件的尺寸、数量及精度要求，采用相应的量具进行。孔径尺寸精度要求较低时，可采用钢直尺、内卡钳或游标卡尺测量；精度要求较高时，可用内径千分尺或内径量表测量；标准孔还可以采用塞规测量。

1. 游标卡尺

游标卡尺测量孔径尺寸的测量方法如图7-5所示，测量时应注意尺身与工件端面平行，活动量爪沿圆周方向摆动，找到最大位置。

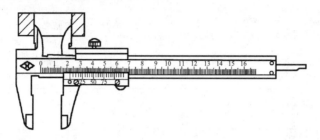

图7-5 游标卡尺测量内孔

2. 内径千分尺

内径千分尺的使用方法如图7-6所示。这种千分尺刻度线方向和外径千分尺相反，当微分筒顺时针旋转时，活动爪向右移动，量值增大。

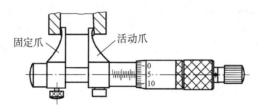

固定爪　　活动爪

图7-6 内径千分尺测量内孔

拓展知识

（1）结合普车加工经验，讨论并回答以下问题：

①车孔的关键技术有哪些？如何解决？

②内孔车刀有哪几种类型？

（2）观看实物，熟悉数控加工用机夹式内孔车刀。

（3）测量内孔孔径的常用量具有哪些？各适用于什么场合？

（4）如图7-7所示，毛坯为 $\phi45$mm 的圆钢，已预制好 $\phi16$mm 内孔，长32mm，选择机夹内孔车刀用G71指令编写粗加工程序、G71指令编写精加工程序，试将下面的程序补充完整。

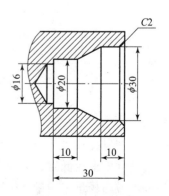

图7-7 G71车内孔

程序号	加工程序	程序说明
	O0010；	**工件外轮廓加工程序**
	…	…
	M03 S500 T0101；	主轴正转，换1号刀，取1号刀具长度补偿
	G00 X__ Z__；	定位至粗车循环起点
	G71 U__ R__；	粗车循环
	G71 P__ Q__ U__ W__ F__；	
N1		
		精加工轮廓描述
N2		
	G0 X__ Z__；	确定精加工循环起点
	G70 P__ Q__；	精车循环
	G0 X100 Z100；	退刀
	M30；	程序结束

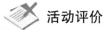 **活动评价**

评价内容与实际比对，能做到的根据程度量在表7-10相应等级栏中打√号。

表7-10　活动评价

项目	评 价 内 容	评价等级（学生自我评价）		
		A	**B**	**C**
关键能力评价项目	1. 安全意识强			
	2. 着装、仪容符合实习要求			
	3. 积极主动学习			
	4. 无消极怠工现象			
	5. 爱护公共财物和设备设施			
	6. 维护课堂纪律			
	7. 服从指挥和管理			
	8. 积极维护场地卫生			

项目	评 价 内 容	评价等级（学生自我评价）		
		A	B	C
专业能力评价项目	1. 书、本等学习用品准备充分			
	2. 工、量具选择及运用得当			
	3. 理论联系实际			
	4. 积极主动参与程序编辑训练			
	5. 严格遵守操作规程			
	6. 独立完成操作训练			
	7. 独立完成工作页			
	8. 学习和训练质量高			
教师评语		成绩评定		

任务八 螺纹零件的加工

在现代工业生产中，螺纹是常用的机械连接零件，利用数控车床加工螺纹，能大大提高生产效率、保证螺加工精度、减轻操作工人劳动强度。三角形螺纹加工是数控加工中的基本操作。

任务学习目标

（1）掌握螺纹切削单一固定循环 G92 的指令格式、功能，熟悉 G92 循环加工动作及运动轨迹。

（2）熟悉普通三角形螺纹加工的相关工艺知识。

（3）掌握普通三角形直螺纹的编程加工及精度检测。

任务实施课时

6 学时。

任务实施流程

（1）导入新课。

（2）组织学生根据自身认识填写工作页。

（3）根据操作步骤要求，组织学生观看影像资料和示范操作。

（4）组织学生进行项目实际操作。

（5）巡回指导练习。

（6）结合实习要求和资料，对相关理论知识进行讲解。

（7）拓展问题讨论。

（8）学习任务考试。

（9）完成活动评价表。

（10）学习任务情况总结。

任务所需器材

（1）设备：数控车床、装有 GSK980TD 仿真软件系统的电脑。

（2）工具：数控车床套筒、刀架扳手、加力杆等附件；90°外圆车刀、60°螺纹车刀、B（刃宽）=3mm 切断刀若干套；0～150mm 游标卡尺及 0～25mm 和 25～50mm 千分尺若干把。

（3）辅具：影像资料、课件。

请完成表8－1中内容。

表8－1　课前导读

序号	实 施 内 容	答案选项	正确答案
1	普通螺纹是我国应用最为广泛的一种三角形螺纹。	A. 对　　　　B. 错	
2	粗牙普通螺纹螺距是标准螺距。	A. 对　　　　B. 错	
3	M20×4（P2），表示公称直径为20mm、导程（P_h）为4mm、螺距（P）为2mm的普通_____三角形螺纹。	A. 双线　　　B. 单线	
4	M20粗牙普通螺纹螺距是_____ mm。	A. 2　　B. 2.5　　C. 3	
5	螺纹加工属于成形加工，为了保证螺纹的导程，加工时主轴旋转一周，车刀的进给量必须等于螺纹的_____。	A. 导程　B. 螺距　C. 牙深	
6	高速车削三角形外螺纹前的外圆直径，应比螺纹大径_____。	A. 大　　　　B. 小	
7	螺纹总切深：$h'\approx$_____ P。	A. 1.3　B. 1.5　C. 2	
8	在数控加工中，常用焊接式和机夹式螺纹车刀。	A. 对　　　　B. 错	
9	在M20×2－6H中，6H表示中径公差带代号。	A. 对　　　　B. 错	
10	利用计算机进行零件设计称为CAD。	A. 对　　　　B. 错	
11	数控机床伺服系统是以_____为直接控制目标的自动控制系统。	A. 机械运动速度 B. 机械位移 C. 切削力 D. 切削速度	
12	车螺纹时，应适当增大车刀进给方向的_____。	A. 前角　　B. 后角 C. 刃倾角　D. 牙型角	
13	用带深度尺的游标卡尺测量孔深时，只要使深度尺的测量面紧贴孔底，就可得到精确数值。	A. 对　　　　B. 错	
14	为保证千分尺不生锈，使用完毕后，应将其浸泡在机油或柴油里。	A. 对　　　　B. 错	
15	内径百分表使用完毕后，要把百分表和可换测头取下擦净，并在测头上涂防锈油，放入盒内保管。	A. 对　　　　B. 错	
16	零件装配时仅需稍做修配和调整便能够装配的性质称为互换性。	A. 对　　　　B. 错	

情 景 描 述 🖋

　　小马知道，如图8-1所示螺纹类零件加工是数控车床的主要功能之一。这几天，小马不仅复习巩固普通三角形外螺纹加工的工艺知识，而且提前预习了螺纹切削单一固定循环 G92 指令，自以为加工圆柱螺纹是"小菜一碟"，但当自己实践加工时，小马却深深体会到了"纸上得来终觉浅，绝知此事要躬行"的道理。

图 8-1　螺纹类零件

任务实施

　　根据如图8-2所示零件图样要求，加工出如图8-3所示实际零件。

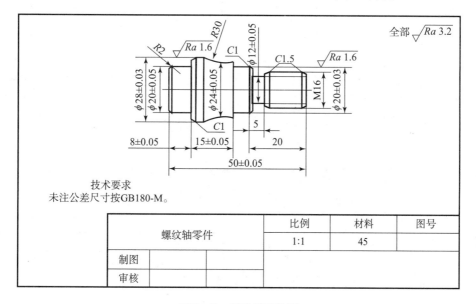

技术要求
未注公差尺寸按GB180-M。

螺纹轴零件		比例	材料	图号
		1:1	45	
制图				
审核				

图 8-2　螺纹轴零件图

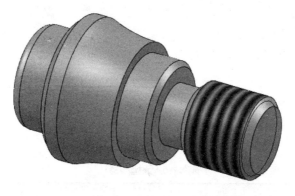

图 8-3　螺纹轴零件实体图

任务实施一：分析零件图样（见表 8 –2）

表 8 –2 零件图样分析

项目	说 明
结构分析	根据螺纹标记，确定图样中工件中间螺纹部分为普通粗牙螺纹，公称直径为 16mm，螺距为 2mm，单线，右旋，螺纹长度为 16mm
确定毛坯材料	$\phi 30 \times 100mm$ 的 45 钢毛坯棒料
确定装夹方案	三爪自定心卡盘装夹定位

任务实施二：确定加工工艺路线和指令选用（见表 8 –3）

表 8 –3 加工工艺路线和指令

序号	工 步 内 容	加工指令
1	粗加工工件外圆轮廓	G71
2	精加工工件外圆轮廓	（ ）
3	车 $\phi 12mm$ 螺纹退刀槽	（ ）
4	车 M16 螺纹	G92
5	粗车左端 $\phi 20mm$ 圆柱宽槽	G75
6	精车左端 $\phi 20mm$ 圆柱宽槽，槽侧倒角	
7	切断	

任务实施三：选用刀具和切削用量（见表 8 –4）

表 8 –4 刀具和切削用量

工步序号	刀具规格	主轴转速/$(r \cdot min^{-1})$	切削深度/mm	进给量/$(mm \cdot r^{-1})$
1	93°外圆机夹刀	$n =$（ ）	$a_p = 1 \sim 2mm$	$F =$（ ）
2	$B = 3mm$ 切断刀	$n =$（ ）		$F =$（ ）
3	螺纹刀	$n = 560$	分层	$P = 2mm$

任务实施四：确定测量工具（见表 8 –5）

表 8 –5 测量工具

序号	名称	规格/mm	精度/mm	数量
1	游标卡尺	0 ~ 150	0.02	1
2	外径千分尺	0 ~ 25,（ ）	（ ）	各 1

任务实施五：加工操作步骤（见表 8 – 6）

表 8 – 6 加工操作步骤

序号	加工步骤	示　意　图
1	粗加工工件外圆轮廓	
2	精加工工件外圆轮廓	
3	车 $\phi 12$mm 螺纹退刀槽	
4	车 M16 螺纹	
5	粗车左端 $\phi 20$mm 圆柱宽槽	

续表

序号	加工步骤	示　意　图
6	精车左端 $\phi20mm$ 圆柱宽槽，槽侧倒角	
7	切断	

任务实施六：零件评价和检测（见表8－7）

表8－7　零件评价和检测

序号	考核项目	考核内容	配分	评分标准	检测结果	得分	扣分	备注
1		$\phi(20 \pm 0.05)$ mm	12	超 0.01mm 扣 2 分				
2		$\phi(28 \pm 0.03)$ mm	15	超 0.01mm 扣 5 分				
3		$\phi(24 \pm 0.05)$ mm	10	超 0.01mm 扣 2 分				
4	加工操作	$\phi(20 \pm 0.03)$ mm	15	超 0.01mm 扣 5 分				
5		$\phi(12 \pm 0.05)$ mm	5	超 0.01mm 扣 2 分				
6		$\phi(12 \pm 0.08)$ mm	15	超 0.01mm 扣 5 分				
7		倒角、圆角（共6处）	18	每错一处扣 3 分				
8		其他形状及尺寸	10	每错一处扣 2 分				
9	文明生产	按安全文明生产规定每违反一项扣3分，最多扣20分						

相关知识

知识一　螺纹的基本知识

1. 螺纹的分类

螺纹按用途不同可分为连接螺纹和传动螺纹；按牙型不同可分为三角形普通螺纹、矩形螺纹、梯形螺纹和锯齿形螺纹等；按螺旋线的方向不同可分为左旋螺纹和右旋螺纹；按螺旋

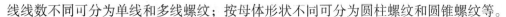

线线数不同可分为单线和多线螺纹；按母体形状不同可分为圆柱螺纹和圆锥螺纹等。

2. 三角形普通螺纹的标记及基本牙型

（1）三角形普通螺纹的标记。

普通螺纹是我国应用最为广泛的一种三角形螺纹，牙型角为60°。普通螺纹分粗牙普通螺纹和细牙普通螺纹。粗牙普通螺纹螺距是标准螺距，其代号用字母"M"及公称直径表示，如M16、M12等。其螺距 P 只有一种，例如M16，无标注，查表得 $P=2$。细牙普通螺纹代号用字母"M"及公称直径×螺距表示，如M24×1.5、M27×2等。细牙普通螺纹螺距有多种，使用时需注明，例如M16×1.5，1.5就是螺距。普通螺纹有左旋螺纹和右旋螺纹之分，左旋螺纹应在螺纹标记的末尾处加注"LH"字，如M20×1.5LH等，未注明的是右旋螺纹。普通三角形螺纹又分单线螺纹和多线螺纹，单线螺纹的标注同粗、细牙普通螺纹，多线三角形螺纹标注的标注格式为：特征代号公称直径×导程（ P 螺距），如M20×4（ $P2$ ），表示公称直径为20mm，导程（ P_h ）为4mm、螺距（ P ）为2mm的普通双线三角形螺纹。

（2）三角形螺纹的牙型及尺寸计算。

螺纹牙型是在通过螺纹轴线的剖面上，螺纹的轮廓形状。螺纹的基本牙型如图8-4所示，相关要素及径向尺寸的计算如下：

P：螺纹螺距；

H：螺纹原始三角形高度，$H=0.866P$；

h：牙型高度，$h=5H/8=0.54P$；

D、d：螺纹大径，螺纹大径的基本尺寸与螺纹的公称直径相同。

D_2、d_2：螺纹中径，$D_2(d_2)=D(d)-0.6495P$；

D_1、d_1：螺纹小径，$D_1(d_1)=D(d)-1.08P$。

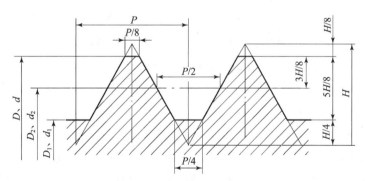

图8-4 普通螺纹的基本牙型

（3）常用普通粗牙螺纹公称直径与螺距的关系见表8-8。

表8-8 常用普通粗牙螺纹的螺距 mm

直径（D）	6	8	10	12	14	16	18	20	22	24	27
螺距（P）	1	1.25	1.5	1.75	2	2	2.5	2.5	2.5	3	3

3. 三角形螺纹的加工方法

螺纹加工属于成形加工，为了保证螺纹的导程，加工时主轴旋转一周，车刀的进给量必须等于螺纹的导程，进给量较大；另外，螺纹车刀的强度一般较差，故螺纹牙型往往不是一次加工而成的，需要多次进行切削，如欲提高螺纹的表面质量，可增加几次光整加工。

1）进刀方式

在数控车床上多刀车削普通螺纹的常用方法有斜进法和直进法两种。

（1）斜进法：如图 8 - 5（a）所示，切削时螺纹车刀沿着牙型一侧平行的方向斜向进刀，至牙底处。此进刀方法始终只有一个侧刃参加切削，加工刀刃容易损伤和磨损，使加工的螺纹面不直，刀尖角发生变化，而造成牙型精度较差。侧向进刀时，刀具负载较小，齿间具有足够的空间排出切屑，从而使排屑比较顺利，刀尖的受力和受热情况有所改善，在车削中不易引起"扎刀"现象。加工时切削深度为递减式，用于加工螺距较大的不锈钢等难加工材料的工件或刚性低、易振动工件的螺纹。

（2）直进法：如图 8 - 5（b）所示，螺纹刀刀尖及左右刀刃同时参加切削，产生的 V 形铁屑作用于切削刃口会引起弯曲力较大，而且排屑困难。因此，在切削时，两切削刃容易磨损。在切削螺距较大的螺纹时，由于切削削深度较大，刀刃磨损较快，从而造成螺纹中径产生误差；但是其加工的牙形精度较高，因车刀刀尖参加切削，故容易产生"扎刀"现象，把牙型表面镂去一块，甚至造成切削力大而使刀尖断裂，损坏车刀，而且还容易造成振动。加工时要求切深小、刀刃锋利，一般多用于小螺距螺纹及精度较高螺纹的精加工。

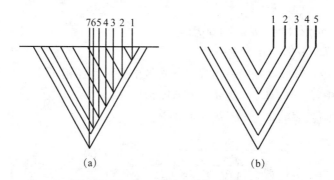

图 8 - 5　螺纹进刀切削方法

（a）斜进法；（b）直进法

2）螺纹的总切深和螺纹加工的多刀切削

螺纹总切深与螺纹牙型高度及螺纹中径的公差带有关。考虑到直径编程，在编制螺纹加工程序时，总切深量 $h' = 2h + T$，T 为螺纹中径公差带的中值。在实际加工中，螺纹中径会受到螺纹车刀刀尖形状、尺寸及刃磨精度等影响，为了保证螺纹中径达到要求，一般要根据实际做一些调整，通常取总切深量为 1.3P，即：

螺纹总切深：

$$h' \approx 1.3P$$

螺纹总切深确定后，如果螺纹的牙型较深，可分多次进给。每次进给的背吃刀量依递减规律分配。常用公制螺纹切削时的进给次数及实际背吃刀量（直径量）可按表 8 - 9 选取。

表 8 - 9　常用普通螺纹切削的进给次数与背吃刀量

螺距 P/mm	1.0	1.5	2.0	2.5
总切深量 1.3P/mm	1.3	1.95	2.6	3.25

续表

背吃刀量及切削次数	1次	0.8	1.0	1.2	1.3
	2次	0.4	0.6	0.7	0.9
	3次	0.1	0.25	0.4	0.5
	4次		0.1	0.2	0.3
	5次			0.1	0.15
	6次				0.1

3）车螺纹前直径尺寸的确定

高速车削三角形外螺纹时，受车刀挤压后会使螺纹大径尺寸胀大，因此车螺纹前的外圆直径应比螺纹大径小。当螺距为 1.5 ~ 3.5mm 时，外径一般可以小 0.2 ~ 0.4mm；车削三角形内螺纹时，因为车刀切削时的挤压作用，内孔直径会缩小（车削塑性材料较明显），所以车削内螺纹前的孔径（$D_孔$）应比内螺纹小径（D_1）略大些，又由于内螺纹加工后的实际顶径允许大于 D_1 的基本尺寸，所以在实际生产中，普通螺纹在车内螺纹前的孔径尺寸，可以用下列近似公式计算：

车削塑性金属的内螺纹时：

$$D_孔 \approx d - P$$

车削脆性金属的内螺纹时：

$$D_孔 \approx d - 1.05P$$

4）螺纹行程的确定

车削螺纹时，沿螺旋线方向的进给应与机床主轴的旋转保持严格的速比关系，即主轴每转一圈，刀尖移动距离为一个导程或螺距值（单线）。但在实际车削螺纹的开始时，伺服系统不可避免地有一个加速过程，结束前也相应有一个减速过程。在这两个过程中，螺距或导程得不到有效保证，会在螺纹起始段和停止段发生螺距不规则现象，故在安排工艺时必须考虑设置足够的升速段和降速退刀段，以消除伺服滞后造成的螺距误差。实际加工螺纹的长度应包括切入的空刀行程量 δ_1 和切出的空刀行程量 δ_2，切入空刀行程量 δ_1，一般取（2 ~ 3）L；切出空刀行程量 δ_2，一般取（1 ~ 2）L，退刀槽较宽时取较大值。如图 8 - 6 所示。数控车床可加工无退刀槽的螺纹，若螺纹退尾处没有退刀槽，取 $\delta_2 = 0$。此时，该处的收尾形状由数控系统的功能设定。

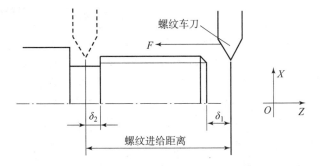

图 8 - 6　螺纹切削的导入、导出距离

4. 螺纹加工相关刀具知识

1）车刀材料的选择

车削螺纹时，车刀材料的选择合理与否，对螺纹的加工质量和生产效率有很大的影响。目前广泛采用的螺纹车刀材料一般有高速钢和硬质合金两类，其特点和应用场合见表 8 - 10。

表 8 - 10 车刀材料的选择

车刀种类	特 点	应用场合
高速钢螺纹车刀	刃磨比较方便，容易得到锋利的切削刃，且韧性较好，刀尖不易崩裂，车出的螺纹表面粗糙度较小，但高速钢的耐热温度较低	低速车削螺纹或低速精车螺纹
硬质合金螺纹车刀	耐热温度较高，但韧性差，刃磨时容易崩裂，车削时经不起冲击	高速车削螺纹

2）螺纹车刀的几何角度

在数控加工中，常用焊接式和机夹式螺纹车刀，图 8 - 7 所示为机夹式外螺纹车刀，图 8 - 8 所示为内螺纹车刀。

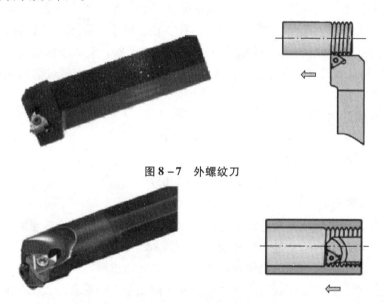

图 8 - 7 外螺纹刀

图 8 - 8 内螺纹刀

硬质合金外螺纹车刀的几何角度如图 8 - 9 所示。在车削 $P > 2$mm 螺距以及硬度较高的螺纹时，在车刀的两个切削刃上磨出宽度为 $0.2 \sim 0.4$mm 的倒棱，其中 $\gamma_{01} = -5°$。由于在高速车削螺纹时，实际牙型角会扩大，因此刀尖角应减小 30′。车刀前后刀面的表面粗糙度必须很小，高速钢内螺纹车刀的几何角度如图 8 - 10 所示，螺纹刀刀尖角的检测如图 8 - 11 所示。

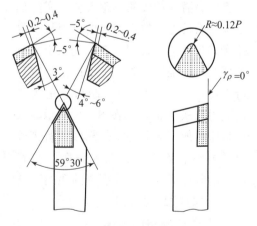

图 8 - 9 硬质合金三角外螺纹车刀几何角度

2）螺纹车刀的装夹

车螺纹时，为了保证牙型正确，对装刀提出了较严格的要求。装夹外螺纹车刀时，刀尖位置应对准工件轴线（可根据尾座顶尖高度检察）。车刀刀尖角的对称中心线必须与工件轴线严格保持垂直，这样车出的螺纹，其两牙型半角才会相等，如果把车刀装歪，就会产生牙型歪斜，如图 8 - 12 所示。为了保证装刀要求，装夹外螺纹车刀时常采用角度样板找正螺纹刀尖

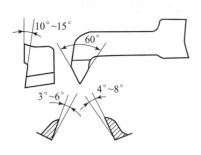

图 8－10　高速钢三角内螺纹车刀几何角度

图 8－11　检查螺纹刀刀尖角度

角度，如图 8－13 所示，将样板靠在工件直径最大的素线上，以此为基准调整刀具角度。装外螺纹车刀时刀头伸出不要过长，一般为刀杆厚度的 1.5 倍左右。

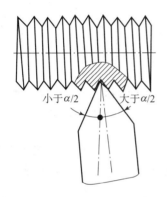

图 8－12　外螺纹车刀装歪

图 8－13　外螺纹车刀的装夹

装夹内螺纹车刀时，刀柄的伸出长度应大于内螺纹长度 10～20mm，保证刀尖与工件轴心线等高。如果装得过高，车削时容易引起振动，使螺纹表面产生鱼鳞斑；如果装得过低，刀头下部会与工件发生摩擦，车刀切不进去。装夹时将螺纹对刀样板侧面靠平工件端面，刀尖部分进入样板的槽内进行对刀，同时调整并夹紧刀具，装夹好的螺纹车刀应在底孔内手动试走一次，以防正式加工时刀柄和内孔相碰而影响加工。内螺纹车刀的装夹如图 8－14 所示。

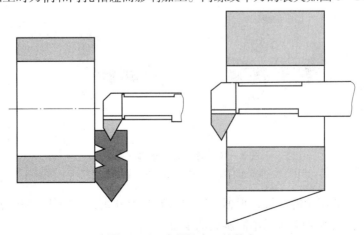

图 8－14　内螺纹车刀的装夹

知识二　螺纹切削单一固定循环指令 G92

1. 圆柱螺纹切削循环

1）指令格式

G92　X(U)__ Z(W)__ F__ ;

程序中，X(U)，Z(W) ——螺纹切削终点处的坐标；

　　　F——螺纹导程的大小，如果是单线螺纹，则为螺距的大小。

2）指令说明

G92 圆柱螺纹的切削轨迹如图 8–15 所示，与 G90
循环相似，其运动轨迹也是一个矩形。刀具从循环起点
A 沿 X 向快速移动至 B 点，然后以导程/转的进给速度
沿 Z 向切削进给至 C 点，再从 X 向快速退刀至 D 点，
最后返回循环起点 A 点，准备下一次循环。

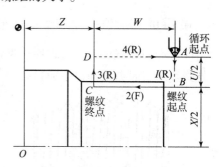

图 8–15　螺纹切削单一固定
循环轨迹图

在 G92 循环编程中，应注意循环起点的正确选择。
通常情况下，X 向循环起点取在离外圆表面 1～2mm
（直径量）的地方，Z 向循环起点根据导入值的大小来
进行选取。G92 加工螺纹时，无须退刀槽。

在加工等螺距圆柱螺纹以及除端面螺纹之外的其他各种螺纹时，均需特别注意其螺纹车
刀的安装方法（正、反向）及主轴的旋转方向应与车床刀架的配置方式（前、后置）相适
应。螺纹车刀的加工方式如图 8–16 所示。

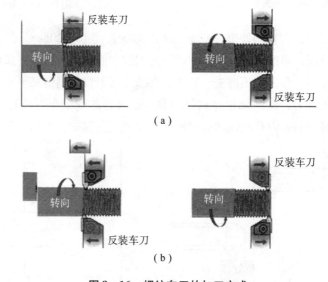

（a）

（b）

图 8–16　螺纹车刀的加工方式

（a）车右旋外螺纹；（b）车左旋外螺纹

对于如图 8–17 所示的螺纹，根据不同的刀架配置方式、不同的刀具起点和不同的主轴
旋转方向能加工出表 8–11 所示不同旋向的螺纹。

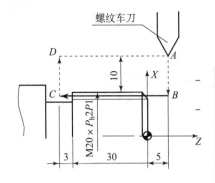

图 8 - 17　螺纹切削起刀点的选择

表 8 - 11　螺纹切削起刀点的选择

刀架配置方式	螺纹旋向	主轴旋转方向	起刀点
前置刀架	右旋	M03	A
	左旋	M03	D
后置刀架	右旋	M04	D
	左旋	M04	A

3）编程实例

例 1：试用 G92 指令编写如图 8 - 18 所示圆柱外螺纹加工程序。

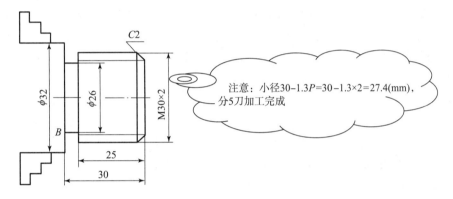

注意：小径$30-1.3P=30-1.3×2=27.4(mm)$，分 5 刀加工完成

图 8 - 18　G92 圆柱外螺纹编程示例

```
...
T0202;                      选 2 号螺纹刀
M03 S600;                   主轴正转,转速 600r/min
G00 X32.0 Z3.0 M08;         快速定位至螺纹切削循环起点
G92 X29.1 Z-22.0 F2.0;      多刀切削螺纹,背吃刀量分别为 0.9mm、0.6mm、0.6mm、
                            0.4mm 和 0.1mm
    X28.5;
    X27.9;
    X27.5;
    X27.4;
    X27.4;                  光整螺纹
G00 X100.0 Z100.0;          返回换刀点
M05 M09;                    主轴停,关切削液
...
```

例 2：试用 G92 指令编写如图 8 - 19 所示圆柱内螺纹加工程序，毛坯材料为 45 钢，已用镗孔刀预先将内螺纹纹孔镗至 $\phi18mm$ 尺寸。

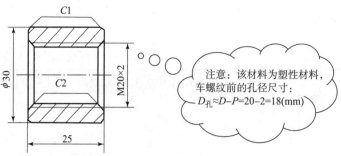

图 8-19 G92 圆柱内螺纹编程示例

```
...
M03 S335 T0303；          换转速,主轴正转,换内螺纹车刀
G00 X16 Z5；             快速定位至循环起点(X16,Z5)
G92 X18.6 Z-27 F2；      多刀切削螺纹,背吃刀量分别为 0.6mm、0.5mm、0.4mm、0.4mm
                         和 0.1mm
X19.1；
X19.5；
X19.9；
X20；
X20；
G00 X100.0 Z100.0；
M05 M09；
...
```

例 3：试用 G92 指令编写如图 8-20 所示双头螺纹加工程序。

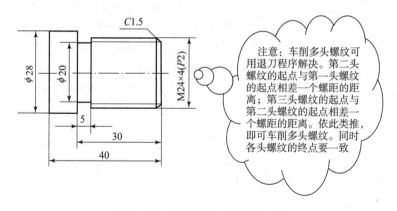

图 8-20 G92 双头螺纹编程示例

```
...
M03 S335 T0202；          换转速,主轴正转,换螺纹车刀
G00 X28 Z4；             快速定位至第一头螺纹加工的循环起点
G92 X23.1 Z-27.5 F4；    加工第一头螺纹
X22.5
```

```
X21.9
X21.5
X21.4
G00 X28 Z6;                    快速定位至第二头螺纹加工的循环起点
G92 X23.1 Z -27.5 F4;          加工第二头螺纹
X22.5
X21.9
X21.5
X21.4
G00 X100 Z100 T0200 M05;       返回刀具起始点,取消刀补,停主轴
...
```

2. 圆锥螺纹切削循环

1）指令格式

G92　X(U)__Z(W)__R__F__;

程序中：X，Z——螺纹终点坐标值；

　　　　U，W——螺纹终点相对循环起点的坐标增量；

　　　　R——圆锥螺纹切削起点和切削终点的半径差。

2）指令说明

G92 圆锥螺纹切削轨迹如图 8-21 所示，与 G90 锥面切削循环相似，刀具从循环起点开始按梯形循环，最后返回循环起点，图 8-21 中虚线表示快速移动，实线表示按螺纹切削速度移动。

进行编程时，应注意 R 的正负符号，无论是前置还是后置刀架，正、倒锥体或内、外锥体，判断原则均是假设刀具起始点为坐标原点，以刀具 X 向的走刀方向确定正或负，R 值的计算和判断与 G90 相同。

3）编程实例

试用 G92 指令编写如图 8-22 所示圆锥螺纹加工程序，圆锥螺纹大端的底径为 $\phi47\text{mm}$，螺纹导程为 2mm。

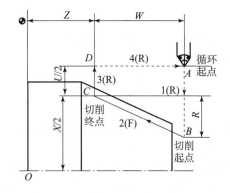

图 8-21　螺纹切削单一固定循环轨迹

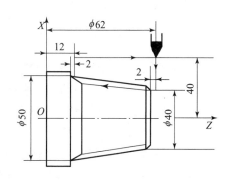

图 8-22　G92 圆锥螺纹编程示例

```
...
G99 S600 M03 T0202;                    选 3 号刀,主轴正转,转速 600r/min
G00 X80.0 Z62.0;                       循环起点
G92 X49.6 Z12.0R-5.0 F2.0;             螺纹循环切削 1
X48.7 R-5.0;                           螺纹循环切削 2
X48.1 R-5.0;                           螺纹循环切削 3
X47.5 R-5.0;                           螺纹循环切削 4
X47.0 R-5.0;                           螺纹循环切削 5
G00 X100.0 Z100.0 M05;                 返回换刀点,主轴停
...
```

> **注意:** 指令中的 R 值为负值,且 "R" 为非模态代码。

知识三　三角螺纹测量常用的量具及测量方法

1. 常用的量具

螺纹的主要测量参数有螺距及大、小径和中径的尺寸。螺纹的某一项参数对应由不同的量具进行检测。

1)螺距的测量

对一般精度要求的螺纹,螺距常用钢直尺、游标卡尺和螺距规进行测量。

2)大、小径的测量

外螺纹的大径和内螺纹的小径公差都比较大,一般用游标卡尺和千分尺测量。

3)牙型角的测量

一般的螺纹牙型角可用螺纹样板或牙型角样板来检验。

4)中径的测量

三角形螺纹的中径可用螺纹千分尺或三针测量。

2. 测量方法

车削螺纹时,必须根据不同的质量要求和生产批量,选择不同的测量方法,认真进行测量。常用的测量方法有单项测量法和综合测量法(因课时安排,综合测量法在任务九中介绍)。

单项测量法是指测量螺纹的某一单项参数,一般是对螺纹大径、螺距和螺纹中径的分项进行测量。其测量的方法和选用的量具也不相同。

(1)螺纹顶径的测量。螺纹顶径是指外螺纹的大径或内螺纹的小径,一般用游标卡尺或千分尺测量。如图 8-23(a)和图 8-23(b)所示。

(2)螺距(或导程)的测量。车削螺纹前,先用螺纹车刀在工件外圆上划出一条很浅的螺旋线,再用钢直尺、游标卡尺或螺纹样板对螺距(或导程)进行测量。车削后螺距(或导程)的测量也可用同样的方法。如图 8-24(a)~图 8-24(c)所示。

用钢直尺或游标卡尺进行测量时,最好量 5 个或 10 个牙的螺距(或导程长度),然后

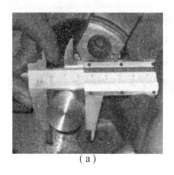

（a）　　　　　　　　　　　　　（b）

图 8 – 23　螺纹顶径的测量

（a）用游标卡尺测量；（b）用千分尺测量

取其平均值。图 8 – 24（a）所示为螺纹样板，又称为螺距规或牙规，有米制和英制两种。测量时将螺纹样板中的钢片沿着通过工件轴线方向嵌入螺旋槽中，如完全吻合，则说明被测螺距（或导程）是正确的，如图 8 – 24（b）所示。

（3）牙型角的测量。一般螺纹的牙型角可以用图 8 – 24（b）所示的螺纹样板来检验。

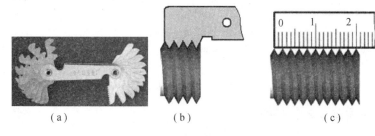

（a）　　　　　　　　　（b）　　　　　　　　　（c）

图 8 – 24　螺距（或导程）的测量

（a）螺纹样板；（b）用螺纹样板测量；（c）用钢直尺测量

（4）螺纹中径的测量。

用螺纹千分尺测量螺纹中径。三角形螺纹的中径可用图 8 – 25（a）所示的螺纹千分尺

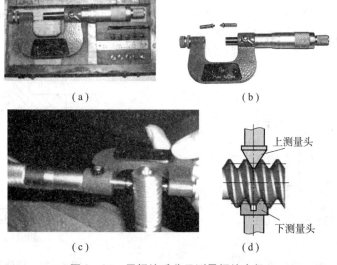

（a）　　　　　　　　　　　　（b）

（c）　　　　　　　　　　　　（d）

图 8 – 25　用螺纹千分尺测量螺纹中径

（a）螺纹千分尺；（b）螺纹千分尺的测量头；（c），（d）测量方法

测量。螺纹千分尺的读数原理与普通千分尺相同，但不同的是，螺纹千分尺有 60° 与 55° 两套适用于不同牙型角和不同螺距的测量头。测量头可以根据测量的需要进行选择，然后分别插入螺纹千分尺的测杆和砧座的孔内。但必须注意，在更换测量头后，必须调整砧座的位置，使螺纹千分尺对准 "0" 位。测量时，与螺纹牙型角相同的上下两个测量头正好卡在螺纹的牙侧上，如图 8 - 25（b）所示。

拓展知识

（1）说说下列普通螺纹代号的含义

①M16　②M27 × 2　③M20 × 1.5LH

（2）G92 指令与 G32 指令有何区别？

（3）计算螺纹的加工长度时，应包括哪些内容？

（4）车螺纹为何要分多次吃刀？

（5）常用的螺纹切削方法有哪些？各有何特点？

（6）零件图如图 8 - 26 ~ 图 8 - 28 所示，工件材料：45 钢，坯料均是比零件最大尺寸大 2mm 的棒料。试编制零件的数控加工程序。

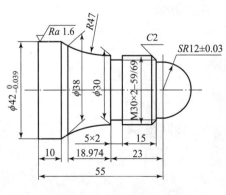

图 8 - 26　零件图（一）

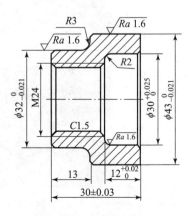

图 8 - 27　零件图（二）

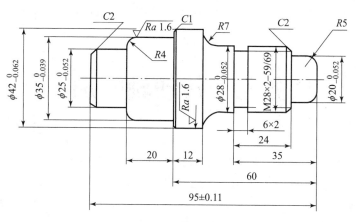

图 8-28　零件图（三）

 **活动评价**

评价内容与实际比对，能做到的根据程度量在表 8-12 相应等级栏中打√号。

表 8-12　活动评价

项目	评 价 内 容	评价等级（学生自我评价）		
		A	B	C
关键能力评价项目	1. 安全意识强			
	2. 着装、仪容符合实习要求			
	3. 积极主动学习			
	4. 无消极怠工现象			
	5. 爱护公共财物和设备设施			
	6. 维护课堂纪律			
	7. 服从指挥和管理			
	8. 积极维护场地卫生			
专业能力评价项目	1. 书、本等学习用品准备充分			
	2. 工、量具选择及运用得当			
	3. 理论联系实际			
	4. 积极主动参与螺纹测量训练			
	5. 严格遵守操作规程			
	6. 独立完成操作训练			
	7. 独立完成工作页			
	8. 学习和训练质量高			
教师评语		成绩评定		

任务九　传动轴的加工

　　轴类零件是机器设备中经常遇到的典型零件之一，它在机械中主要用于支承传动零部件，传递扭矩和承受载荷。其主要用来支承齿轮、带轮等传动零件，以传递转矩和承受载荷。轴类零件是旋转体零件，其长度大于直径，一般由同心轴的外圆柱面、圆锥面、内孔和螺纹及相应的端面所组成。因此，掌握这类零件的加工也是我们必须学习的任务。

 任务学习目标

（1）了解什么是传动轴零件。

（2）掌握传动轴零件的加工方法。

 任务实施课时

20 学时。

 任务实施流程

（1）导入新课。

（2）组织学生根据自身认识填写工作页。

（3）根据操作步骤要求，组织学生观看影像资料和示范操作。

（4）组织学生进行项目实际操作。

（5）巡回指导练习。

（6）结合实习要求和资料，对相关理论知识进行讲解。

（7）拓展问题讨论。

（8）学习任务考试。

（9）完成活动评价表。

（10）学习任务情况总结。

 任务所需器材

（1）设备：数控车床。

（2）工具：车刀、量具、工具。

（3）辅具：影像资料、课件。

完成表 9-1 中内容。

表 9-1　课前导读

序号	题　目	选　项	答案
1	违反安全操作规程的是_____。	A. 严格遵守生产纪律 B. 遵守安全操作规程 C. 执行国家劳动保护政策 D. 可使用不熟悉的机床和工具	
2	不符合着装整洁、文明生产要求的是_____。	A. 贯彻操作规程 B. 执行规章制度 C. 工作中对服装不作要求 D. 创造良好的生产条件	
3	减小_____可以细化工件的表面粗糙度。	A. 主偏角　　B. 副偏角 C. 刃倾角　　D. 前角	
4	钨钴钛类硬质合金主要用于加工_____材料。	A. 铸铁和有色金属 B. 碳素钢和合金钢 C. 不锈钢和高硬度钢 D. 工具钢和淬火钢	
5	前后两顶尖装夹车外圆的特点是_____。	A. 精度高 B. 刚性好 C. 可大切削量切削 D. 安全性好	
6	加工轴类零件时，避免产生积屑瘤的方法是_____。	A. 小前角 B. 中等速度切削 C. 前刀面表面粗糙度大 D. 高速钢车刀低速车削或硬质合金车刀高速车削	
7	粗车时，为了提高生产效率，选用切削用量时，应首先取较大的_____。	A. 切削深度　　B. 切削速度 C. 切削厚度　　D. 进给量	
8	车削细长轴时，要用中心架和跟刀架来增加工件的_____。	A. 刚性　　　　B. 强度 C. 韧性　　　　D. 硬度	
9	轴类零件最常用的毛坯是_____。	A. 铸件和铸钢件　　B. 焊接件 C. 圆棒料和锻件　　D. 组合件	
10	轴类零件加工时，常用两中心孔作为_____。	A. 粗基准　　B. 定位基准 C. 装配基准	
11	数控车床上用硬质合金车刀精车钢件时进给量常取_____。	A. 0.2~0.4mm/r B. 0.5~0.8mm/r C. 0.1~0.2mm/r	
12	在数控加工程序中，_____指令是非模态的。	A. G01　　B. F100　　C. G92	
13	钢件精加工一般用_____。	A. 乳化液　　B. 极压切削液 C. 切削油	
14	图样中没有标注形位公差的加工面，表示该加工面无形状、位置公差要求。	A. 对　　　　B. 错	
15	平行度、对称度同属于位置公差。	A. 对　　　　B. 错	
16	数控车削加工钢质阶梯轴，若各台阶直径相差很大，则宜选用锻件。	A. 对　　　　B. 错	
17	安排数控车削精加工时，其零件的最终加工轮廓应由最后一刀连续加工而成。	A. 对　　　　B. 错	

续表

序号	题　　目	选　项		答案
18	对刀点指数控机床上加工零件时刀具相对零件运动的起始点。	A. 对	B. 错	
19	硬质合金刀具在切削过程中，可随时加注切削液。	A. 对	B. 错	
20	为了提高生产率，采用大进给切削要比采用大背吃刀量省力。	A. 对	B. 错	
21	精车时，为了减小工件表面粗糙度值，车刀的刃倾角应取负值。	A. 对	B. 错	
22	P 类硬质合金车刀适于加工长切屑的黑色金属。	A. 对	B. 错	

情 景 描 述

　　某老板拿来一个传动轴零件图纸，要求按照图纸要求用 45 钢加工 10 件如图 9-1 所示的零件，曾师傅利用此工件传授了小马一些新的知识，要求他把这个工件加工好了。那曾师傅到底教小马什么了呢？我们一起来学习。

图 9-1　端面槽

任务实施

　　根据如图 9-2 所示零件图样要求，加工出如图 9-1 所示零件。

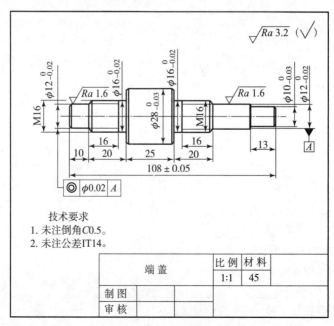

图 9-2　零件图

任务实施一：分析零件图样（见表 9 - 2）

表 9 - 2　零件图样

项目	说　明
结构分析	零件轮廓主要包括圆柱面、_____、_____等
确定毛坯材料	根据图样形状和尺寸大小，此零件加工可选用_____圆棒料
精度要求	最高要求的尺寸是 _____；最高要求的表面粗糙度是 _____；形位公差有：_____
确定装夹方案	装夹方案：以零件_____为定位基准；零件加工零点设在零件左端面和_____的中心；第一次夹住 φ30mm 圆柱毛坯表面，伸出_____ mm 长；加工工件_____端；第二次掉头夹住_____伸出 60mm 长，校正后车工件_____端

任务实施二：确定加工工艺路线和指令选用（见表 9 - 3）

表 9 - 3　加工工艺路线和指令

序号	工 步 内 容	加工指令
1	粗加工左端外轮廓	G71
2	精加工左端外轮廓	（　　　）
3	加工左端 M16 外螺纹	G92
4	工件调头、校正	—
5	粗加工右端外轮廓	（　　　）
6	精加工右端外轮廓	G70
7	加工右端 M16 外螺纹	（　　　）

任务实施三：选用刀具和切削用量（见表 9 - 4）

表 9 - 4　刀具和切削用量

工步序号	刀具规格	主轴转速/(r · min⁻¹)	切削深度/mm	进给量/(mm · r⁻¹)
1	93°外圆车刀	500 ~ 1 000	（　　　）	0.2 ~ 0.3
2	93°外圆车刀	（　　　）	0.5	0.1 ~ 0.15
3	60°外螺纹刀	500 ~ 800	—	2
5	93°外圆车刀	（　　　）	1 ~ 2	0.2 ~ 0.3
6	93°外圆车刀	1 000 ~ 2 000	（　　　）	0.1 ~ 0.15
7	60°外螺纹刀	（　　　）	—	（　　　）

任务实施四：确定测量工具（见表9-5）

表9-5　测量工具

序号	名称	规格/mm	精度/mm	数量
1	游标卡尺	0~150	（　　）	1
2	外径千分尺	0~25	（　　）	1
3	外径千分尺	（　　）	0.01	1
4	外螺纹千分尺	（　　）	0.01	1

任务实施五：加工操作步骤（见表9-6）

表9-6　加工操作步骤

序号	加工步骤	示意图（粗实线为加工轮廓）
1	粗加工左端外轮廓，编写加工程序	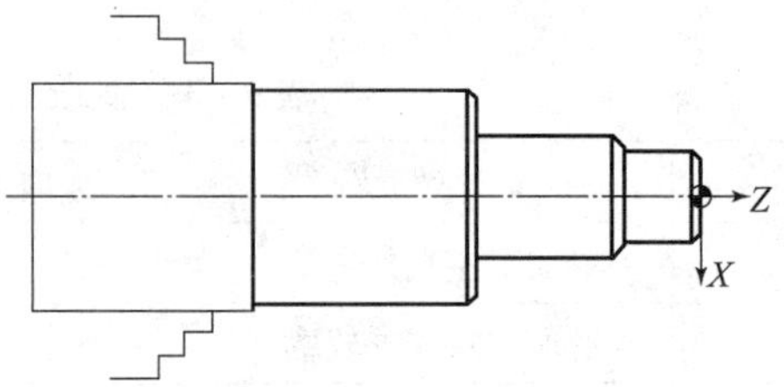
2	精加工左端外轮廓，编写加工程序	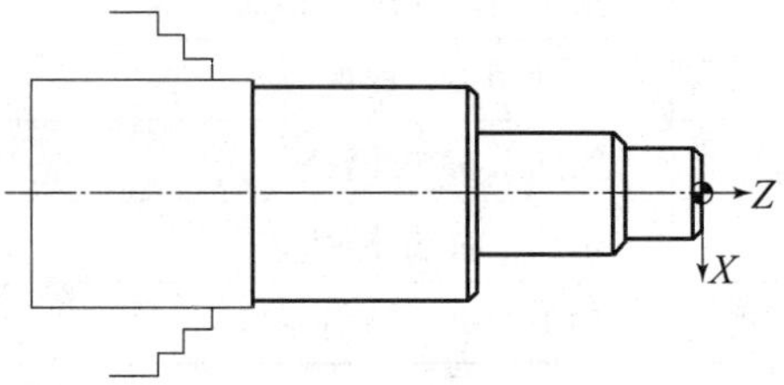
3	加工左端M16外螺纹，编写加工程序	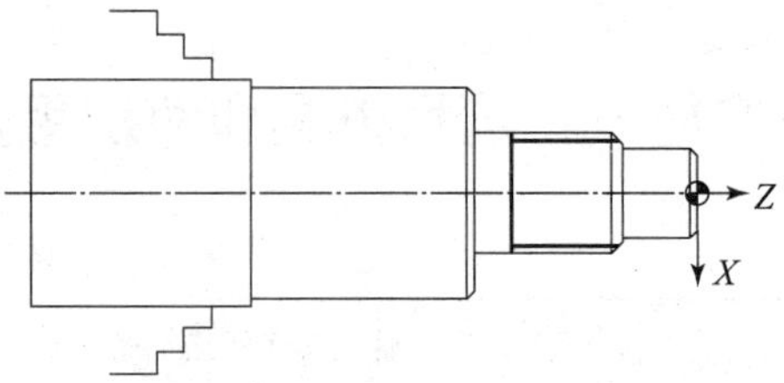
4	工件调头、校正，写出校正方法及达到的有关精度要求	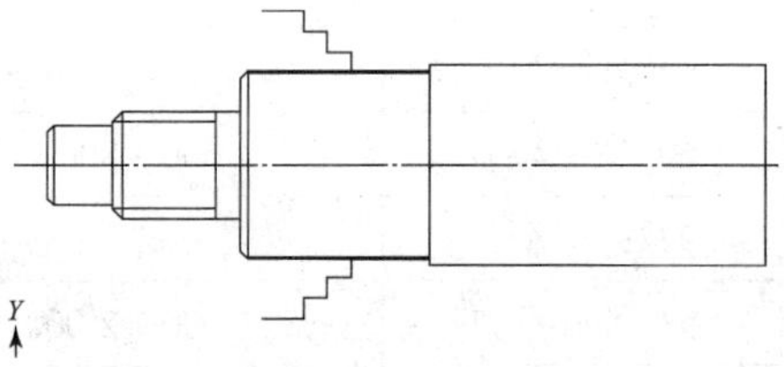

续表

序号	加工步骤	示意图（粗实线为加工轮廓）
5	粗加工右端外轮廓，编写加工程序	
6	精加工右端外轮廓，编写加工程序	
7	加工右端 M16 外螺纹，编写加工程序	

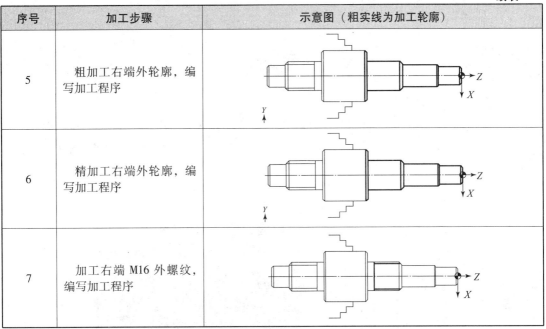

任务实施六：零件评价和检测（见表9-7）

表9-7 零件评价和检测

序号	考核项目	考核内容	配分	评分标准	检测结果	得分	扣分	备注
1	外圆尺寸	$2-\phi12\,_{-0.02}^{0}$ mm$/Ra1.6\mu$m	10/5	每超差 0.01mm 扣 2 分，每降一级 2 分				
2		$2-\phi16\,_{-0.02}^{0}$ mm$/Ra3.2\mu$m	10/5	每超差 0.01mm 扣 2 分，每降一级 2 分				
3		$\phi28\,_{-0.03}^{0}$ mm$/Ra3.2\mu$m	10/5	每超差 0.01mm 扣 2 分，每降一级 2 分				
4		$\phi10\,_{-0.03}^{0}$ mm$/Ra3.2\mu$m	8/5	每超差 0.01mm 扣 2 分，每降一级 2 分				
5	长度尺寸	108mm ±0.05mm$/Ra3.2\mu$m	10/5	每超差 0.01mm 扣 2 分，每降一级 2 分				
6	螺纹尺寸	$2-$ M16	10/5	用螺纹千分尺测量螺纹中经，不符合要求不得分				
7	倒角尺寸	$6-C0.5$	12	每处不符扣 2 分				
8	安全操作	按相关安全操作要求酌情扣分						

相关知识

知识一

1. 螺纹中径的测量

三针测量螺纹中径。用三针测量螺纹中径是一种比较精密的测量方法。三角形螺纹、梯形螺纹和锯齿形螺纹的中径均可采用三针测量。如图9-3所示，测量时将三根精度很高、直径相同的量针放置在螺纹两侧相对应的螺旋槽内，用千分尺测量出两边量针顶点之间的距离 M。

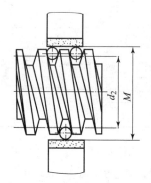

图9-3 三针测量法测量螺纹中径

用量针测量螺纹中径的方法称三针量法，测量时，在螺纹凹槽内放置具有同样直径 D 的三根量针，如图9-4所示，然后用适当的量具（如千分尺等）来测量尺寸 M 的大小，以验证所加工的螺纹中径是否正确。

螺纹中径的计算公式：

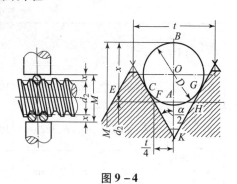

图9-4

$$d_2 = M - D\left(1 + \frac{1}{\sin\frac{\alpha}{2}}\right) + \frac{1}{2}t \cdot \cot\frac{\alpha}{2}$$

式中，M——千分尺测量的数值（mm）；

D——量针直径（mm）；

$\alpha/2$——牙型半角（°）；

t——工件螺距或蜗杆周节（mm）。

量针直径 D 的计算公式：

$$D = \frac{t}{2\cos(\alpha/2)}$$

如果已知螺纹牙型角，也可用下面简化公式计算，见表9-8。

表 9 – 8　量针直径简化公式

螺纹牙型角 α	简化公式
29°	$D = 0.516t$
30°	$D = 0.518t$
40°	$D = 0.533t$
55°	$D = 0.564t$
60°	$D = 0.577t$

例 1　对 M24 × 1.5 的螺纹进行三针测量，已知 $M = 24.325$，求需用的量针直径 D 及螺纹中径 d_2。

解　因为 $\alpha = 60°$，由 $D = 0.577t$，得

$$D = 0.577 \times 1.5 = 0.865\,5\ (\text{mm})$$

所以　$d_2 = 24.325 - 0.865\,5 \times (1 + 1/0.5) + 1.5 \times 1.732/0.5 = 23.027\,5\ (\text{mm})$

与理论值（$d_2 = 23.026$）相差 $\Delta = 23.027\,5 - 23.026 = 0.001\,5\ (\text{mm})$，可见其差值非常小。

实际上螺纹的中径尺寸，一般都可以从螺纹标准中查得或从零件图上直接注明，因此只要将上面计算螺纹中径的公式移项，变换一下，便可得出千分尺应测得的读数公式：

$$M = d_2 + D\left(1 + \frac{1}{\sin\dfrac{\alpha}{2}}\right) - \frac{1}{2}t \cdot \cot\frac{\alpha}{2}$$

如果已知牙型角，也可以用下面简化公式计算，见表 9 – 9。

表 9 – 9　千分尺读数简化公式

螺纹牙型角 α	简化公式
29°	$M = d_2 + 4.994D - 1.933t$
30°	$M = d_2 + 4.864D - 1.886t$
40°	$M = d_2 + 3.924D - 1.374t$
55°	$M = d_2 + 3.166D - 0.960t$
60°	$M = d_2 + 3D - 0.866t$

例 2　用三针量法测量 M24 × 1.5 的螺纹，已知 $D = 0.866\text{mm}$，$d_2 = 23.026\text{mm}$，求千分尺应测得的读数值。

解　因为 $\alpha = 60°$，故

$$\begin{aligned} M &= d_2 + 3D - 0.866t = 23.026 + 3 \times 0.866 - 0.866 \times 1.5 \\ &= 24.325\ (\text{mm}) \end{aligned}$$

2. 综合测量法

综合测量法是采用极限量规对螺纹的基本要素（螺纹大径、中径和螺距等）同时进行综合测量的一种测量方法，外螺纹测量时采用螺纹环规，如图 9 – 5 所示；内螺纹测量时采

用螺纹塞规，如图9-6所示。综合测量法测量效率高，使用方便，能较好地保证互换性，广泛用于对标准螺纹或大批量生产螺纹的检测。

（a）　　　　　　　　　　　　　（b）

图9-5　采用螺纹环规进行测量

（a）通规；（b）止规

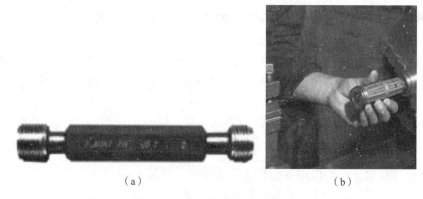

（a）　　　　　　　　　　　　　（b）

图9-6　采用螺纹塞规检测内螺纹

（a）螺纹塞规；（b）利用螺纹塞规进行检测

> **注意**：采用螺纹环规测量前，应做好量具和工件的清洁工作，并先检查螺纹的大径、牙型、螺距和表面粗糙度，以免尺寸不对而影响测量。

采用螺纹环规测量时，如果螺纹环规的通规能顺利拧入工件螺纹的有效长度范围（有退刀槽的螺纹应旋合到底），而止规不能拧入（不超过1/4圈），则说明螺纹符合尺寸要求。

如图9-6所示，采用螺纹塞规检测时，螺纹塞规通端能顺利拧入工件，而止端不能拧入工件，说明螺纹合格。

螺纹环规和塞规是精密量具，使用时不能用力过大，更不能用扳手硬拧，以免降低环规的测量精度，甚至损坏环规。

 拓展知识

（1）计算图9-7中 M24×2 的螺纹大、中、小直径。

图9-7　螺纹直径

（2）如何用 G92 加工带锥度的螺纹？请编制图 9 – 8 中螺距为 1.5mm 的锥螺纹的加工程序。

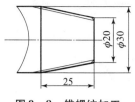

图 9 – 8　锥螺纹加工

 活动评价

评价内容与实际比对，能做到的根据程度量在表 9 – 10 相应等级栏中打√号。

表 9 – 10　活动评价表

项目	评价内容	评价等级（学生自我评价）		
		A	B	C
关键能力评价项目	1. 安全意识强			
	2. 着装、仪容符合实习要求			
	3. 积极主动学习			
	4. 无消极怠工现象			
	5. 爱护公共财物和设备设施			
	6. 维护课堂纪律			
	7. 服从指挥和管理			
	8. 积极维护场地卫生			
专业能力评价项目	1. 书、本等学习用品准备充分			
	2. 工、量具选择及运用得当			
	3. 理论联系实际			
	4. 积极主动参与螺纹测量训练			
	5. 严格遵守操作规程			
	6. 独立完成操作训练			
	7. 独立完成工作页			
	8. 学习和训练质量高			
教师评语		成绩评定		

任务十　端盖的加工

端盖零件是机械设备中使用较多的零件之一，主要用于零件的外部，起密封、阻挡灰尘的作用。因此，掌握这类零件的加工也是我们必须学习的任务。

 任务学习目标

（1）了解什么是端盖零件。

（2）掌握端盖零件的加工方法。

 任务实施课时

20 学时。

 任务实施流程

（1）导入新课。

（2）组织学生根据自身认识填写工作页。

（3）根据操作步骤要求，组织学生观看影像资料和示范操作。

（4）组织学生进行项目实际操作。

（5）巡回指导练习。

（6）结合实习要求和资料，对相关理论知识进行讲解。

（7）拓展问题讨论。

（8）学习任务考试。

（9）完成活动评价表。

（10）学习任务情况总结。

 任务所需器材

（1）设备：数控车床。

（2）工具：车刀、量具、工具。

（3）辅具：影像资料、课件。

完成表 10 – 1 中内容。

表 10－1　课前导读

序号	题　　目	选　　项	答案
1	"G71 W △d Re;"和"G71 P*ns* Q*nf* U △*u* W △*w* F*f* S *s* T*t*;"中两个 U 值含义相同。	A. 对　　　　B. 错	
2	"G72 P*ns* Q*nf* U △*u* W △*w* F*f* S *s* T*t*;"中 △*u* 表示 X 方向的精加工余量为_____值。	A. 半径　　　B. 直径	
3	"G72 P*ns* Q*nf* U △*u* W △*w* F*f* S *s* T*t*;"中 △*w* 表示_____方向的精加工余量。	A. X　　　　B. Z	
4	G72 循环中，顺序号 *ns* 程序段必须沿_____向进刀，且不能出现 Z 坐标字，否则会出现程序报警。	A. X　　　　B. Z	
5	"G72 P*ns* Q*nf* U △*u* W △*w* F*f* S *s* T*t*;"中 *f* 表示粗加工进给速度，在精加工中也有效。	A. 对　　　　B. 错	
6	百分表用来测量_____。	A. 外径　　　B. 内径 C. 端面	
7	用百分表测量时，测量杆应预先压缩 0.3 ~ 1mm，以保证有一定的初始测力，以免_____测不出来。	A. 尺寸　　　B. 公差 C. 形状公差　D. 负偏差	
8	千分尺的活动套筒转动一格，测微螺杆移动_____。	A. 1mm　　　B. 0.1mm C. 0.01mm　D. 0.001mm	
9	内径千分尺的刻线方向与外径千分尺的刻线方向相反。	A. 对　　　　B. 错	
10	对于加工精度要求_____的沟槽尺寸，要用内径千分尺来测量。	A. 较高　　　B. 较低	
11	千分尺使用完毕，维护保养时，应将其加_____保存。	A. 轻质润滑油 B. 防锈油	
12	内径千分尺可测量的最小孔径是_____。	A. 5mm　　　B. 10mm	
13	常用千分尺的测量范围每_____ mm 为一挡规格。	A. 25　　　　B. 50	
14	游标卡尺是一种较高精度的量具。	A. 对　　　　B. 错	
15	内径百分表表盘沿圆周有_____刻度。	A. 100　　　B. 50	
16	量具在使用过程中_____与工件放在一起。	A. 能　　　　B. 不能	

续表

序号	题　目	选　项	答案
17	工作完毕后，所用过的工具可以不用清理、涂油。	A. 对　　　　B. 错	
18	外径千分尺、内径千分尺属于_____。	A. 机械式量具 B. 螺旋测微量具 C. 游标量具 D. 光学量具	
19	读数值只表示被测尺寸相对于标准量的偏差的是_____。	A. 绝对测量　　B. 相对测量 C. 直接测量　　D. 接触测量	
20	测量与被测尺寸有关的几何参数，经过计算获得被测尺寸的是_____。	A. 直接测量　　B. 间接测量 C. 接触测量　　D. 单项测量	

情 景 描 述

　　某老板拿来一个端盖零件图纸（图 10－2），要求按照图纸要求用 45 钢加工 10 个如图 10－1 所示零件，徒弟小陈接过图纸看了以后很茫然，因为他以前只加工过外轮廓的零件，对于这种有内外轮廓的工件还没加工过，不知道如何下手，于是便去请教曾师傅，曾师傅说："小陈，你先想一想用以前学的知识能否加工，是否要增加新的内容。"小陈想了想觉得所学的知识不够。曾师傅利用这个工件传授给小陈一些新的知识，使小陈很快就把这个工件加工好了。那曾师傅到底教小陈什么了呢？我们一起来学习。

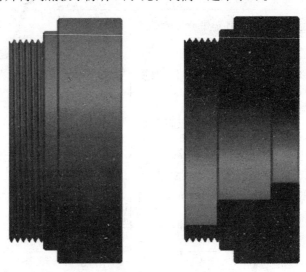

图 10－1　端盖

任务实施

根据如图 10－2 所示零件图样要求，加工出对应零件。

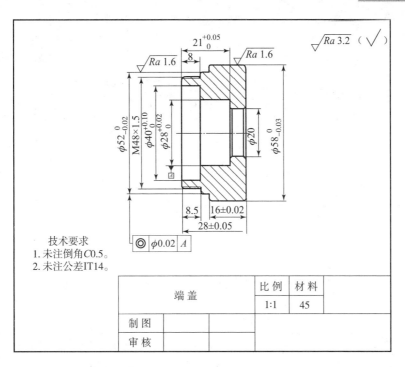

技术要求
1. 未注倒角C0.5。
2. 未注公差IT14。

端 盖	比 例	材 料	
	1:1	45	
制 图			
审 核			

图 10 – 2　零件图

任务实施一：分析零件图样（见表10 – 2）

表 10 – 2　零件图样分析

项目	说　　明
结构分析	零件轮廓主要包括圆柱面、_____、_____等
确定毛坯材料	根据图样形状和尺寸大小，此零件加工可选用 φ_____×_____的圆棒料
精度要求	精度要求最高的尺寸是_____；要求最高的表面粗糙度是_____；形位公差有_____
确定装夹方案	装夹方案：以零件_____为定位基准；零件加工零点设在零件左端面和_____的中心；第一次夹住 φ60mm 圆柱毛坯表面，伸出_____ mm 长；加工工件_____端；第二次调头夹住_____，伸出15mm 长，校正后车工件_____端

任务实施二：确定加工工艺路线和指令选用（见表10 – 3）

表 10 – 3　加工工艺路线和指令

序号	工 步 内 容	加工指令
1	毛坯钻底孔	—
2	粗加工右端外轮廓	（　）
3	精加工右端外轮廓	（　）

序号	工 步 内 容	加工指令
4	加工右端内孔及倒角	（　）
5	工件调头、校正	—
6	粗加工左端外轮廓	G71
7	精加工左端外轮廓	（　）
8	加工左端 M48×1.5mm 外螺纹	（　）
9	粗车左端内孔	（　）
10	精车左端内孔	G70

任务实施三：选用刀具和切削用量（见表10－4）

表10－4　刀具和切削用量

工步序号	刀具规格	主轴转速/(r·min⁻¹)	切削深度/mm	进给量/(mm·r⁻¹)
1	φ18mm 钻头	（　）	10	—
2	93°外圆车刀	（　）	1~2	（　）
3	（　）	1 000~2 000	（　）	0.1~0.15
4	93°内圆车刀	（　）	（　）	0.1~0.15
5	—	—	—	—
6	（　）	500~1 000	（　）	0.2~0.3
7	93°外圆车刀	（　）	0.5	（　）
8	60°外螺纹刀	500~800	—	（　）
9	93°内圆车刀	500~1 000	（　）	（　）
10	93°内圆车刀	（　）	0.5	0.1~0.15

任务实施四：确定测量工具（见表10－5）

表10－5　测量工具

序号	名称	规格/mm	精度/mm	数量
1	游标卡尺	0~150	（　）	1
2	外径千分尺	（　）	0.01	1
3	外螺纹千分尺	0~25	（　）	1
4				
5				
6				

任务实施五：加工操作步骤（见表10－6）

表10－6 加工操作步骤

序号	加工步骤	示意图（粗实线为加工轮廓）
1	毛坯钻底孔，钻头为＿＿＿＿＿＿＿＿＿，主轴转速为＿＿＿＿＿＿	
2	粗加工右端外轮廓，写出加工程序	
3	精加工右端外轮廓，写出加工程序	
4	加工右端内孔及倒角，写出加工程序	

续表

序号	加工步骤	示意图（粗实线为加工轮廓）
5	工件调头、校正	
6	粗加工左端外轮廓，写出加工程序	
7	精加工左端外轮廓，写出加工程序	
8	加工左端 M48×1.5mm 外螺纹，写出加工程序	
9	粗车左端内孔，写出加工程序	
10	精车左端内孔，写出加工程序	

任务实施六：零件评价和检测（见表10－7）

表10－7　零件评价和检测

序号	考核项目	考核内容	配分	评分标准	检测结果	得分	扣分	备注
1	外圆尺寸	$\phi 52_{-0.02}^{0}$ mm／$Ra1.6\mu$m	10/5	每超差0.01mm扣2分，每降一级2分				
2		$\phi 58_{-0.03}^{0}$ mm／$Ra1.6\mu$m	10/5	每超差0.01mm扣2分，每降一级2分				
3	内孔尺寸	$\phi 40_{0}^{+0.10}$ mm／$Ra3.2\mu$m	10/5	每超差0.01mm扣2分，每降一级2分				
4		$\phi 28_{0}^{+0.02}$ mm／$Ra3.2\mu$m	10/5	每超差0.01mm扣2分，每降一级2分				
5	长度尺寸	$21_{0}^{+0.05}$ mm	10	每超差0.01mm扣2分，每降一级2分				
6		$28_{-0.05}^{+0.05}$ mm	10	每超差0.01mm扣2分，每降一级2分				
7		$16_{-0.02}^{+0.02}$ mm	10	每超差0.01mm扣2分，每降一级2分				
8	螺纹尺寸	M48×1.5mm	10	用螺纹环规检测，不达到要求不得分				
9	安全操作			按相关安全操作要求酌情扣分				

知识一　径向粗车固定循环指令G72的编程

径向粗车复合循环G72与外圆粗车复合循环G71均为粗加工循环指令，其区别仅在于G72切削方向平行于X轴，而G71是沿着平行于Z轴进行切削循环加工的，如图10－3所示。

1. 指令格式

G72 W△d Re;

G72 Pns Qnf U△u W△w Ff Ss Tt;

程序中，W——每次切削量（模态值、Z向进刀）；（第一行的W）

R——退刀量（X向退刀，成45°角）；

P——精加工组第一段的顺序号；

Q——精加工组最后一段的顺序号；

U——X方向的精加工余量；

W——Z方向的精加工余量；（第二行的W）

F——进给速度。

2. 运动轨迹

G72 循环加工轨迹如图 10 - 3 所示。该轨迹与 G71 轨迹相似，不同之处在于该循环是沿 Z 向进行分层切削的。

3. 指令说明

（1）G72 与 G71 切深量 △d 的切入方向不一样，G72 是沿 Z 轴方向移动切深，而 G71 是沿 X 轴方向进给切深。

（2）G72 循环所加工的轮廓形状，必须采用单调递增或单调递减的形式。

4. G72 与 G70 编程示例

如图 10 - 4 所示，毛坯 ϕ25mm，表面粗糙度 Ra3.2μm。用 G70、G72 等指令编程加工工件中间部分，要求加工 A 点到 A' 点间的工件形状。工件坐标系、刀具起始点位置如图 10 - 4 所示。已知切断刀刃宽 3.6mm（右刀尖为刀位点），切深为 3mm，退刀量为 1mm，X 方向精加工余量为 0.5mm，Z 方向精加工余量为 0.10mm。编写加工 A 点到 A' 间工件的加工程序。

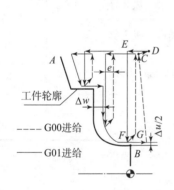

图 10 - 3　G72 径向粗车循环轨迹图

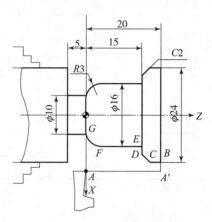

图 10 - 4　G72/G70 编程示例图

O0207;	程序开始部分
...	
T0303;	选切断刀
G00 X27 Z0;	快进到 A 点
G01 X10 F20;	切槽至 ϕ10mm，便于 G72 退刀
G00 X26 Z0;	快速退回至 G72 起始位置 A 点
G72 W3 R1;	采用端面粗车复合循环
G72 P190 Q250 U0.5 W-0.1 F20;	粗加工程序从 N190 至 N250 段
N190 G00 Z20 M08;	从 A 点到 A' 点
G01 X24 F30;	从 A' 点到 B 点
Z17;	从 B 点到 C 点
X20 Z15;	从 C 点到 D 点
X16;	从 D 点到 E 点
Z3;	从 E 点到 F 点
N250 G03 X10 Z0 R3;	从 F 点到 G 点

G01 Z -1.4;	切槽宽至5mm
G00 X100 M05;	快速退出,停主轴
M00;	暂停
M3 S800;	换较高转速
G00 X26 Z0;	定位到A点
G70 P190 Q250;	采用G70调用精加工程序
G00 X100 Z150 M05;	退出

知识二 内孔测量方法

1. 内径百分表

内径百分表主要用于测量精度要求较高而且又较深的孔。

内径百分表的结构及使用如图10-5所示。百分表装夹在测架上,在测量头端部有一个活动测量头,另一端的固定测量头可根据孔径的大小更换。为了便于测量,测量头旁装有定心器。

内径百分表和千分尺配合使用,也可以比较出孔径的实际尺寸。

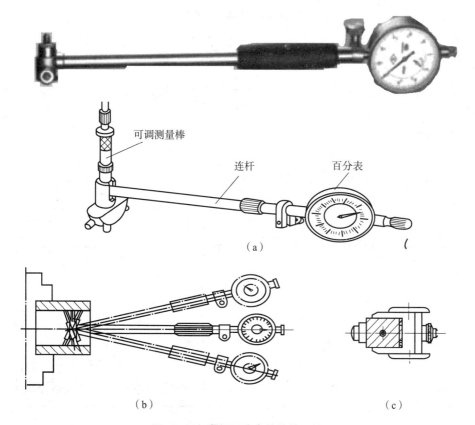

（a）
（b）　　　　　　　（c）

图10-5　内径百分表的结构及使用

（a）内径百分表;（b）内径百分表的测量方法;（c）孔中测量情况

2. 塞规

在成批生产中，为了测量方便，常用塞规测量孔径（见图 10 – 6）。塞规通端的尺寸等于孔的最小极限尺寸 $D_{\min}$，止端的基本尺寸等于孔的最大极限尺寸 $D_{\max}$。用塞规检验孔径时，若通端能进入工件的孔内而止端不能进入，则说明工件孔径合格。

测量盲孔时，为了排除孔内的空气，常在塞规的外圆上开通气槽或在轴心处的轴向钻出通气孔。

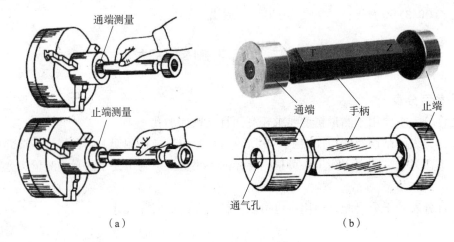

通端测量

止端测量

通端　手柄　止端

通气孔

（a）　　　　　　　　　（b）

图 10 – 6　塞规及使用

 拓展知识

（1）思考：在粗车复合循环指令中，G71 同 G72 相比较，其区别是什么？哪个用起来比较方便？各适用于什么场合？

（2）编写如图 10 – 7 所示零件的加工程序：要求循环起始点在 $A(6，3)$，切削深度为 1.2mm，退刀量为 1mm，X 方向精加工余量为 0.2mm，Z 方向精加工余量为 0.5mm，其中双点画线部分为工件毛坯。

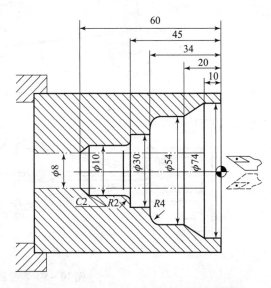

图 10 – 7　G72 内径粗切复合循环编程实例

 **活动评价**

评价内容与实际比对，能做到的根据程度量在表 10 – 8 相应等级栏中打√号。

表 10 – 8　活动评价

项目	评 价 内 容	评价等级（学生自我评价）		
		A	B	C
关键能力评价项目	1. 安全意识强			
	2. 着装、仪容符合实习要求			
	3. 积极主动学习			
	4. 无消极怠工现象			
	5. 爱护公共财物和设备设施			
	6. 维护课堂纪律			
	7. 服从指挥和管理			
	8. 积极维护场地卫生			
专业能力评价项目	1. 书、本等学习用品准备充分			
	2. 工、量具选择及运用得当			
	3. 理论联系实际			
	4. 积极主动参与内孔测量训练			
	5. 严格遵守操作规程			
	6. 独立完成操作训练			
	7. 独立完成工作页			
	8. 学习和训练质量高			
教师评语		成绩评定		

任务十一 手柄加工

手柄类零件是五金配件中经常遇到的典型零件之一，车床手柄在车床中为机床附件或称为操作件，在车床上主要用于车床换挡把手、进给把手、尾座把手等位置，优点是方便操作、省力等。

 任务学习目标

（1）了解手柄零件及常见手柄类型。

（2）掌握手柄零件的加工与编程方法。

 任务实施课时

20 学时。

 任务实施流程

（1）导入新课。

（2）组织学生根据自身认识填写工作页。

（3）对照小心轴零件实物，讲解加工指令应用方法。

（4）对照小心轴零件实物，进行仿真加工作业示范并巡回指导学生仿真加工。

（5）进行机床实际操作加工示范并巡回指导学生机床操作实习。

（6）结合解剖加工过程及走刀路线，进行指令理论讲解。

（7）组织学生进行"拓展问题"讨论。

（8）本任务学习测试。

（9）测试结束后，组织学生填写活动评价表。

（10）小结学生学习情况。

 任务所需器材

（1）设备：数控车床。

（2）工具：手柄零件 5 个、数车仿真系统及电脑 60 台、980TD 系统 30 个、机车配套工量具 30 套。

（3）辅具：影像资料、课件。

完成表 11 – 1 中内容。

表 11 –1 课前导读

序号	实 施 内 容	答 案 选 项	正确答案
1	用 G73 指令加工的轮廓，可用_____指令来加工。	A. G70　　　B. G71 C. G72　　　D. G74	
2	M12 的螺距是_____ mm。	A. 1　B. 1.5　C. 1.75　D. 2	
3	G73 UΔi WΔk Rd； G73 Pns Qnf UΔu WΔw F___； 程序中 R 是指_____。	A. 退刀量 B. 循环次数	
4	G73 UΔi WΔk Rd； G73 Pns Qnf UΔu WΔw F___； 程序中 UΔi 是指_____。	A. X 轴余量　　B. Z 轴余量 C. X 退刀量　　D. Z 退刀量	
5	G73 UΔi WΔk Rd； G73 Pns Qnf UΔu WΔw F___； 程序中 UΔu 是指_____。	A. X 轴余量　　B. Z 轴余量 C. X 退刀量　　D. Z 退刀量	
6	G73 UΔi WΔk Rd； G73 Pns Qnf UΔu WΔw F___； 程序中 Pns 是指_____。	A. 循环起始程序段号 B. 循环结束程序段号	
7	G73 UΔi WΔk Rd； G73 Pns Qnf UΔu WΔw F___； 程序中 Qnf 是指_____。	A. 循环起始程序段号 B. 循环结束程序段号	
8	G73 UΔi WΔk Rd； G73 Pns Qnf UΔu WΔw F___； 程序中 F___ 是指_____。	A. f　　　　　B. a_{p} C. v_{c}　　　　D. n	

情 景 描 述

　　茂名怡华机械厂小陈用数控车床钻孔时，突然车床尾座手柄断了，小陈把断了的手柄图形绘制出来，如图 11 – 1 所示，然后想用 45 钢加工该手柄，但不知道怎样着手加工，因为他以前只加工过一般轴类零件，对于这种外形起伏的轴还没加工过，于是便去请教曾师傅，

图 11 – 1 手柄零件

曾师傅说："小陈，你数车的知识还是学得太少了，特别是编程方面，今天我再传授你一些新的知识，你要是能理解了，便能把这个工件加工好了"。那到底曾师傅教小陈什么了呢？我们一起来学习。

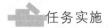任务实施

根据如图 11-2 所示零件图样要求，加工出如图 11-3 所示实体零件。

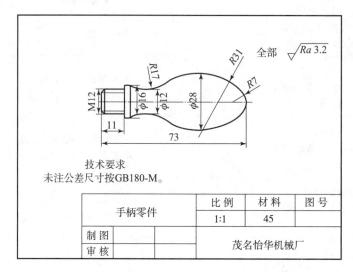

图 11-2　手柄图

图 11-3　手柄

任务实施一：分析零件图样（见表11-2）

表 11-2　零件图样分析

项目	说　　明
结构分析	该图为手柄零件，由 φ16mm 外圆、圆弧轮廓和一个 M12 的_____组成
确定毛坯材料	根据图样形状和尺寸大小，此零件确定加工可选用 φ_____×_____圆棒料，材料为 45 钢

续表

项　目	说　明
精度要求	图样上要求的尺寸公差是_____；要求的表面粗糙度是_____
确定装夹方案	三爪卡盘自定心夹紧，伸出_____ mm 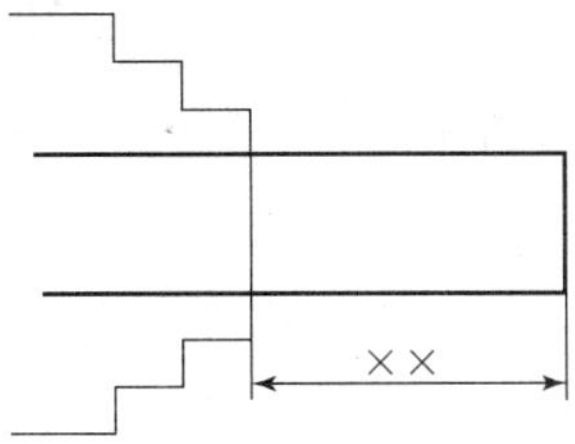 ××（图示）

任务实施二：确定加工工艺路线和指令选用（见表11-3）

表11-3　加工工艺路线和指令

序号	工步内容	加工指令
1	粗车手柄外轮廓	G73
2	精车手柄外轮廓	
3	加工螺纹外轮廓	G01
4	螺纹加工	
5	倒角、切断	

任务实施三：选用刀具和切削用量（见表11-4）

表11-4　刀具和切削用量

工步序号	刀具规格	主轴转速/$(r \cdot min^{-1})$	切削深度/mm	进给量/$(mm \cdot r^{-1})$
1	35°外圆车刀	800	0.5	
2	35°外圆车刀		0.25	
3	3mm 切槽刀	600	2	0.05
4	60°外螺纹车刀		0.15	
5	3mm 切槽刀	600	2	0.05

任务实施四：确定测量工具（见表11-5）

表 11-5　测量工具

序号	名称	规格/mm	精度/mm	数量
1	游标卡尺	0～150	0.02	1
2	螺纹千分尺	0～25	0.01	1
3	外径千分尺		0.01	1
4	外径千分尺	0～25	0.01	1

任务实施五：加工操作步骤（见表11-6）

表 11-6　加工操作步骤

序号	加工步骤	示意图
1	粗车手柄外轮廓： O0001; G0 X99 Z99; M3 S__ T0101; G0 X31 Z2; G73 U__ W0 R__ ; G73 P__ Q2_____ ; N1 G0 X0; G1 Z0 F__; G3 X9.92 Z-2.06 R7; G3 _____; G2 _____; N2 G1 Z-78; G0 X99 Z99 M5; M0;	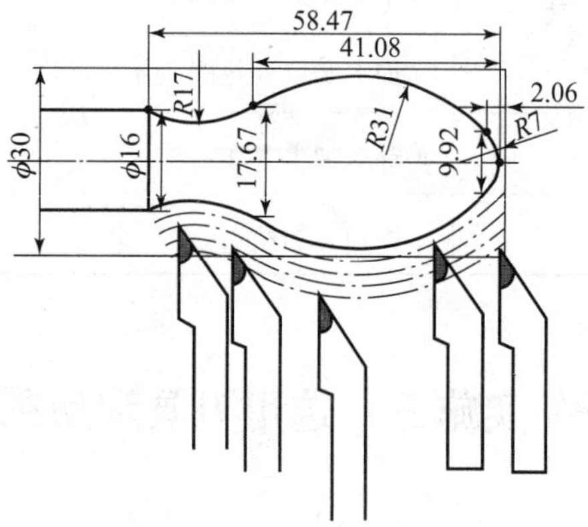
2	精车手柄外轮廓： G0 X99 Z99; M3 S__ T0101; G0 X30 Z2; G70_____; G0 X99 Z99 M5; M0;	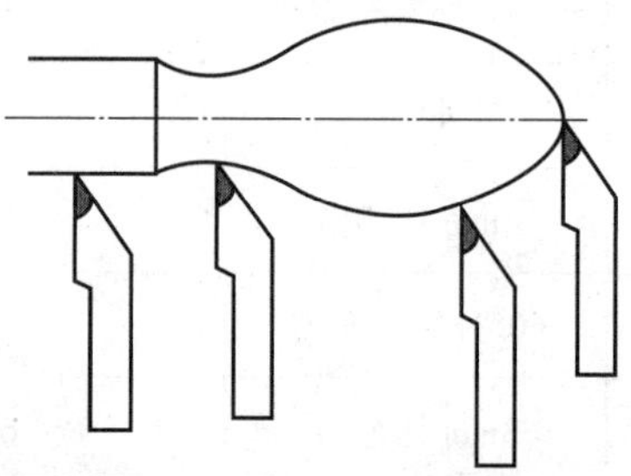

序号	加工步骤	示　意　图
3	加工螺纹外轮廓： G0 X99 Z99； M3 S__ T0202； G0 X17 Z－62； G75 R0.2； G75_____； G0 W1 G1 X15 W－1 F__； X__； Z__； G0 X32； G0 X99 Z99 M5； M0；	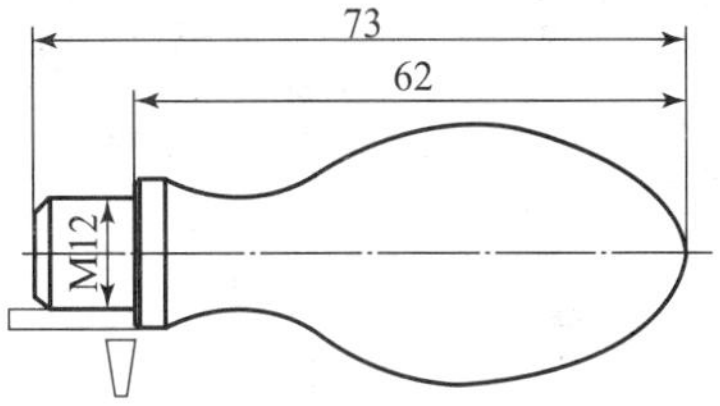
4	螺纹加工： G0 X99 Z99； M3 S560 T0303； G0 X17 Z－64； G92_____； X11.2 X__； X10.6； X__； X__； X__； X9.725； G0 X32； G0 X99 Z99 M5； M0；	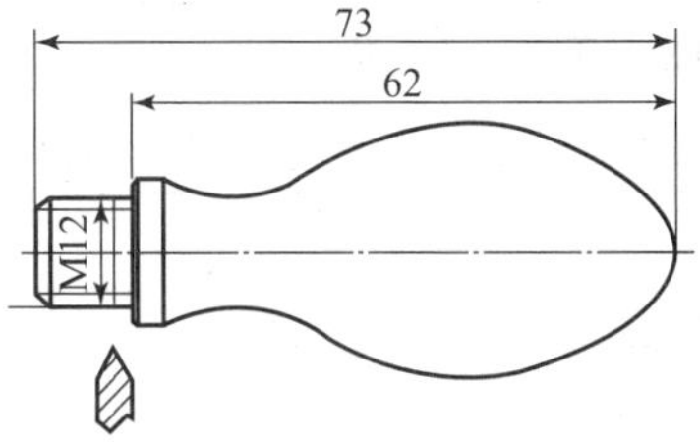
5	倒角、切断： G0 X99 Z99； M3 S__ T0202； G0 X17 Z－73； X13； G94 X9 Z－73 F10； X9 Z－73 R__； G1 X0； G0 X32； G0 X99 Z99 M5； M30；	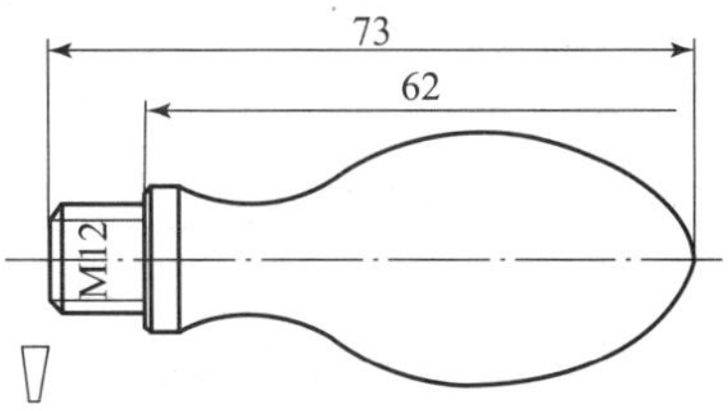

精加工图 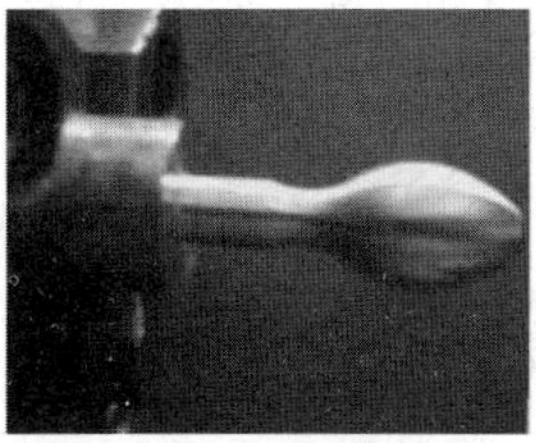　　　　　　　精加工完成图 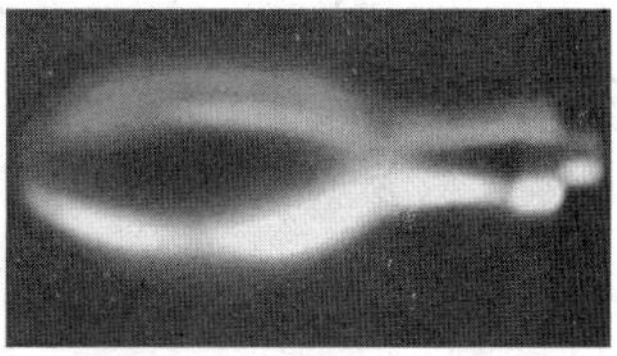　　　　　　　完成图

任务实施六：零件评价和检测（见表11-7）

表11-7 零件评价和检测

序号	考核项目	考核内容	配分	评分标准	检测结果	得分	扣分	备注
1		$\phi12\text{mm}$	10	不合格不得分				
2	外圆尺寸	$\phi16\text{mm}$	10	不合格不得分				
3		$\phi28\text{mm}$	10	不合格不得分				
4	螺纹	M12	20	不合格不得分				
5		$R7\text{mm}$	10	不合格不得分				
6	圆弧	$R17\text{mm}$	10	不合格不得分				
7		$R31\text{mm}$	10	不合格不得分				
8	长度	11mm	5	不合格不得分				
9		73mm	5	不合格不得分				
10	表面粗糙度	$Ra3.2\mu\text{m}$	10	不合格不得分				
11	文明生产	按安全文明生产规定每违反一项扣3分，最多扣20分						

相关知识

知识一　单一固定循环指令 G90

仿形车复合循环（G73、G70）。

1. 仿形车粗车循环

1）指令格式

G73 UΔi WΔk Rd ;

G73 Pns Qnf UΔu WΔw F__ ;

N ns …;

… } 用以描述精加工轨迹

N nf …;

程序中，Δi——X 轴方向退刀量的大小和方向（半径量指定），该值是模态值；

Δk——Z 轴方向退刀量的大小和方向，该值是模态值；

d——分层次数（粗车重复加工次数）；

其余参数请参照 G71 指令。

例　G73 U3.0 W0.5 R3.0;

G73 P100 Q200 U0.3 W0.05 F150;

比一比：G73 指令中的"UΔi""WΔk""R$\underline{d}$"与 G71 及 G72 指令中相应参数值的区别与联系。

2）指令说明

G73 复合循环的轨迹如图 11－4 所示。刀具从循环起点（C 点）开始，快速退刀至 D 点（在 X 向的退刀量为 $\Delta u/2 + \Delta i$，在 Z 向的退刀量为 $\Delta w + \Delta k$）；快速进刀至 E 点（E 点坐标值由 A 点坐标、精加工余量、退刀量 Δi 和 Δk 及粗切次数确定）；沿轮廓形状偏移一定值后进行切削至 F 点；快速返回 G 点，准备第二层循环切削。如此分层（分层次数由循环程序中的参数 d 确定）切削至循环结束后，快速退回循环起点（C 点）。

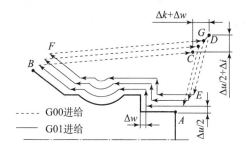

图 11－4 仿形车复合循环的轨迹图

G73 循环主要用于车削固定轨迹的轮廓。这种复合循环，可以高效地切削铸造成形、锻造成形或已粗车成形的工件。对不具备类似成形条件的工件，如采用 G73 进行编程与加工，则反而会增加刀具在切削过程中的空行程，而且也不便计算粗车余量。

在 G73 程序段中，ns 所指程序段可以向 X 轴或 Z 轴的任意方向进刀。

G73 循环加工的轮廓形状，没有单调递增或单调递减形式的限制。

2. 仿形车精车循环

仿形车精车循环指令格式与前面 G70 的格式完全相同，执行 G70 循环时，刀具沿工件的实际轨迹进行切削，如图 11－4 中轨迹 $A \sim B$ 所示，循环结束后刀具返回循环起点。

3. 编程实例

例 加工如图 11－5 工件（材料为 45 钢），先采用 G71 指令粗加工成形，再采用 G73 指令加工内凹轮廓（轮廓 $P \sim Q$），试编写其数控车加工程序。

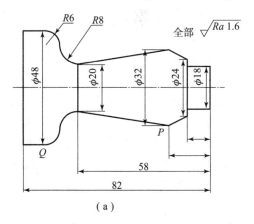

（a）

（b）

图 11－5 仿形车复合循环编程示例

（a）结构图；（b）实物图

程序：

OO408;

```
...                            程序开始部分
G00 X52.0 Z2.0;                快速定位至粗车循环起点
G71 U1.0 R0.3;                 用G71指令减少加工过程中的空行程
G71 P100 Q200 U0.5 W0 F100;
N100 G00 X16.0 F50 S1000;
G01 Z-10.0;
X24.0;
X32.0 Z-18.0;                  思考：为何此处的Z值为"-65"而不用"-66"
X36.0 Z-65.0;
G03 X48.0 Z-71.0 R6.0;
N200 G01 X52.0;
G70 P100 Q200;
G00 X34.0 Z-18.0;
G73 U6.0 W0.0 R6;
G73 P300 Q400 U0.5 W0.0 F100;   G73 指令加工内凹轮廓
N300 G01 X32.0 Z-18.0;
     X20.0 Z-58.0;
G02 X36.0 Z-66.0 R8.0;
N400 G03 X48.0 Z-72.0 R6.0;
G70 P300 Q400;
G00 X100.0 Z100.0;
M30;
```

知识二 使用复合固定循环（G71、G72、G73、G70）时的注意事项

（1）如何选用内、外圆复合固定循环，应根据毛坯的形状、工件的加工轮廓及其加工要求适当进行。

①G71 固定循环主要用于对径向尺寸要求比较高、轴向切削尺寸大于径向切削尺寸这类毛坯工件进行粗车循环。编程时，X 向精车余量的取值一般大于 Z 向精车余量的取值。

②G72 固定循环主要用于对端面精度要求比较高、径向切削尺寸大于轴向切削尺寸这类毛坯工件进行粗车循环。编程时，Z 向精车余量的取值一般大于 X 向精车余量的取值。

③G73 固定循环主要用于已成形工件的粗车循环。精车余量根据具体的加工要求和加工形状来确定。

（2）当使用内、外圆复合固定循环进行编程时，在其 $ns \sim nf$ 之间的程序段中，不能含有以下指令。

①固定循环指令；

②参考点返回指令；

③螺纹切削指令；

④宏程序调用或子程序调用指令。

（3）当执行 G71、G72、G73 循环时，只有在 G71、G72、G73 指令的程序段中 F、S、T 是有效的，在调用的程序段 ns～nf 之间编入的 F、S、T 功能将被全部忽略。相反，在执行 G70 精车循环时，G71、G72、G73 程序段中指令的 F、S、T 功能无效，这时，F、S、T 值决定于程序段 ns～nf 之间编入的 F、S、T 功能。

（4）在 G71、G72、G73 程序段中，$\Delta d(\Delta i)$、Δu 都用地址符 U 进行指定，而 Δk、Δw 都用地址符 W 进行指定，系统是根据 G71、G72、G73 程序段中是否指定 P、Q 以区分 $\Delta d(\Delta i)$、Δu 及 Δk、Δw 的。当程序段中没有指定 P、Q 时，该程序段中的 U 和 W 分别表示 $\Delta d(\Delta i)$ 和 Δk；当程序段中指定了 P、Q 时，该程序段中的 U、W 分别表示 Δu 和 Δw。

（5）在 G71、G72、G73 程序段中的 Δw、Δu 是指精加工余量值，该值按其余量的方向有正、负之分。另外，在 G73 指令中的 Δi、Δk 值也有正、负之分，其正、负值是根据刀具位置和进退刀方式来判定的。

 拓展知识

分析如图 11-6 所示零件加工时，应该如何定位装夹？请画出示意图，并写出加工顺序。

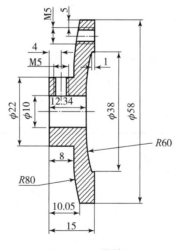

图 11-6 零件图

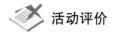 活动评价

评价内容与实际比对，能做到的根据程度量在表 11-8 相应等级栏中打√号。

表 11 – 8　活动评价表

项目	评 价 内 容	评价等级（学生自我评价）		
		A	B	C
关键能力评价项目	1. 安全意识强			
	2. 着装、仪容符合实习要求			
	3. 积极主动学习			
	4. 无消极怠工现象			
	5. 爱护公共财物和设备设施			
	6. 维护课堂纪律			
	7. 服从指挥和管理			
	8. 积极维护场地卫生			
专业能力评价项目	1. 书、本等学习用品准备充分			
	2. 工、量具选择及运用得当			
	3. 理论联系实际			
	4. 积极主动参与程序编辑训练			
	5. 严格遵守操作规程			
	6. 独立完成操作训练			
	7. 独立完成工作页			
	8. 学习和训练质量高			
教师评语		成绩评定		

任务十二 子程序应用

在一个加工程序中，如果其中有些加工内容完全相同或相似，为了简化程序，可以把这些重复的程序段单独列出，并按一定的格式编写成子程序。主程序在执行过程中如果需要某一子程序，可通过调用指令来调用该子程序，子程序执行完后又返回到主程序，继续执行后面的程序段。

 任务学习目标

（1）了解子程序的概念。

（2）掌握子程序的应用方法。

 任务实施课时

20 学时。

 任务实施流程

（1）导入新课。

（2）检查和讲评学生完成导读工作页的情况。

（3）对照零件实物，讲解加工指令应用方法。

（4）对照零件实物，进行仿真加工作业示范并巡回指导学生仿真加工。

（5）进行机床实际操作加工示范并巡回指导学生机床操作实习。

（6）结合解剖加工过程及走刀路线，进行指令理论讲解。

（7）组织学生进行"拓展问题"讨论。

（8）本任务学习测试。

（9）测试结束后，组织学生填写活动评价表。

（10）小结学生学习情况。

 任务所需器材

（1）设备：数控车床。

（2）工具：散热零件5个、数车仿真系统及电脑60台、980TD系统30个、机车配套工量具30套。

（3）辅具：影像资料、课件。

课前导读

完成表 12 – 1 中内容。

表 12 – 1　课前导读

序号	实 施 内 容	答案选项	正确答案
1	子程序调用指令是_____。	A. M98　　　B. M99 C. G98　　　D. G99	
2	子程序调用结束指令是_____。	A. M98　　　B. M99 C. G98　　　D. G99	
3	一般在子程序中是用_____编程。	A. 相对坐标　B. 绝对坐标	
4	子程序能嵌套使用吗?	A. 能　　　　B. 不能	
5	一般子程序最多能嵌套_____次。	A. 2　　　　B. 3 C. 4　　　　D. 5	
6	指令格式"M98 P__××××;"中×××× 是指_____。	A. 循环次数　B. 主程序号 C. 子程序号　D. 程序段号	
7	指令格式"M98 P__××××;"最多能循环 _____次。	A. 4　　　　B. 10 C. 999　　　D. 9999	

情 景 描 述

　　永昌机械配件老板拿来一个散热器的零件图纸,要求按照图纸用 AL 材料车一个如图 12 – 1 所示的零件,徒弟小陈接过图纸一看,"喔,怎么那么多槽要加工? 那编程序都要好长时间了",于是便去请教曾师傅,看是否有更方便的方法,曾师傅看了看图纸说:"小陈,你要学会善于发现规律,你看所有槽的尺寸都是一样的,今天我再传授你一些新的知识,你要是能理解了,便能把这个工件加工好了"。那到底曾师傅教小陈什么了呢? 我们一起来学习。

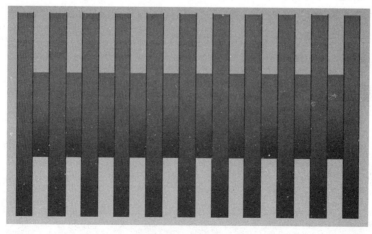

图 12 – 1　散热器

🎬 任务实施

根据如图 12 - 2 所示零件图样要求，加工出如图 12 - 3 所示实件零件。

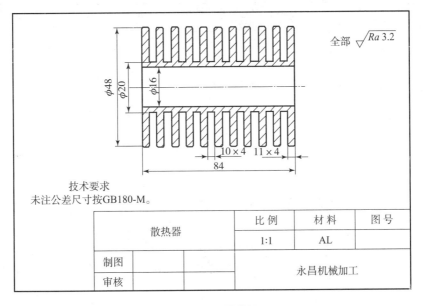

图 12 - 2 零件图

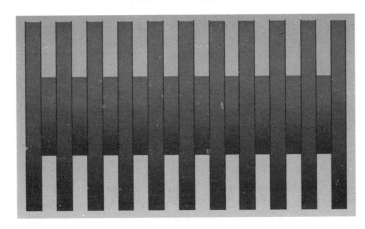

图 12 - 3 实体图

任务实施一：分析零件图样（见表 12 - 2）

表 12 - 2 零件图样分析

项目	说　明
结构分析	该零件为散热零件，在 ϕ48mm 的外圆上加工＿＿＿＿个 ϕ20mm、4mm 宽的槽及内孔为 ϕ ＿＿＿＿的通孔
确定毛坯材料	根据图样形状和尺寸大小，加工此零件可选用 ϕ＿＿＿＿×＿＿＿＿圆棒料，材料为 AL

项 目	说 明
精度要求	精度要求最高的尺寸是_____；要求最高的表面粗糙度是_____
确定装夹方案	三爪卡盘自定心夹紧，伸出_____mm 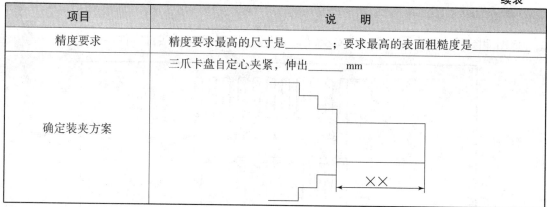

任务实施二：确定加工工艺路线和指令选用（见表12-3）

表12-3　加工工艺路线和指令

序号	工步内容	加工指令
1	车端面，打中心孔	手动
2	钻孔	手动
3	粗车内孔	G01
4	精车内孔	
5	粗车外圆	
6	精车外圆	G01
7	切槽	
8	倒角，切断	G01

任务实施三：选用刀具和切削用量（见表12-4）

表12-4　刀具和切削用量

工步序号	刀具规格	主轴转速/($r \cdot min^{-1}$)	切削深度/mm	进给量/($mm \cdot r^{-1}$)
1	90°外圆车刀、中心钻	800		
2	ϕ14mm 钻头	600		0.12
3	12mm 内孔镗刀	1 000	0.5	0.2
4	12mm 内孔镗刀		0.25	0.1
5	90°外圆车刀	800		0.2
6	90°外圆车刀		0.1	
7	3mm 切槽刀			0.1
8	3mm 切槽刀			

任务实施四：确定测量工具（见表12−5）

表12−5　测量工具

序号	名称	规格/mm	精度/mm	数量
1	游标卡尺	0～150	0.02	1
2	外径千分尺		0.01	1
3	外径千分尺		0.01	1
4	叶片千分尺		0.01	1
5	内径千分尺	5～30	0.01	1

任务实施五：加工操作步骤（见表12−6）

表12−6　加工操作步骤

序号	加工步骤	示意图
1	步骤1：车端面，打中心孔，钻孔，粗、精车内孔 G0 X99 Z99; M3 S800 T0404;　　φ12mm镗孔刀 G0 X14 Z2; G90 X15.5 Z−65 F100;粗加工 S1600;　　高转速 G0 X18; G1 Z0 F80; X16 Z−1; Z−65; U−0.5;　　退刀 G0 Z2; G0 X99 Z99 M5; M00;	
2	步骤2：粗、精车外圆 G0 X99 Z99; M3 S600 T0101;　　外圆刀 G0 X51 Z2; G90 X48.5 Z−68 F___;粗车 S___;　　高转速 G0 X46; G1 Z0 F__; X48 Z−1; Z−68; U2;　　退刀 G0 X99 Z99 M5; M0;	

续表

序号	加工步骤	示意图
3	步骤3：切槽 主程序 O0011; G0 X99 Z99; M3S__ T0202;　3mm 切槽刀 G0 X50 Z - 4;　定位 G98 P001210;　调用子程序 10 次 G0 X99 Z99 M5; M30; 子程序 O0012; G94 X20 F__;　第一刀切槽 W-1;　第二刀切槽 G0 W - 8; M99;　返回主程序	第一刀切槽 第二刀切槽
4	步骤4：倒角切断 G0 X99 Z99; M3 S____ T0202;　切断刀 G0 X50 Z - 63; G1 X45 F__; G0 X50; W2; G1 X46 W -2;　倒角 X12;　切断 G0 X50; G0 X99 Z99 M5; M30;	φ48 84

任务实施六：零件评价和检测（见表 12-7）

表 12-7　零件评价和检测

序号	考核项目	考核内容	配分	评分标准	检测结果	得分	扣分	备注
1	外圆尺寸	φ48mm	20	不合格不得分				
2		φ20mm	20	不合格不得分				
3		φ16mm	20	不合格不得分				

续表

序号	考核项目	考核内容	配分	评分标准	检测结果	得分	扣分	备注
5	长度	11mm×4mm	10	不合格不得分				
6		10mm×4mm	10	不合格不得分				
7		84mm	10	不合格不得分				
8	表面粗糙度	$Ra3.2\mu m$	10	不合格不得分				
9	文明生产	按安全文明生产规定每违反一项扣3分，最多扣20分						

相关知识

子程序的应用

（1）零件上有若干处具有相同的轮廓形状，在这种情况下，只要编写一个加工该轮廓形状的子程序，然后用主程序多次调用该子程序即可完成对工件的加工。

（2）加工中反复出现具有相同轨迹的走刀路线，如果相同轨迹的走刀路线出现在某个加工区域或在这个区域的各个层面上，则采用子程序编写加工程序比较方便。在程序中常用增量值确定切入深度。

（3）在加工较复杂的零件时，往往包含许多独立的工序，有时工序之间需要进行适当的调整。为了优化加工程序，把每一个独立的工序编成一个子程序，这样形成了模块式的程序结构，以便于对加工顺序进行调整。主程序中只有换刀和调用子程序等指令。

调用子程序 M98 指令：

把程序中某些固定顺序和重复出现的程序单独抽出来，按一定格式编成一个程序供调用，这个程序就是常说的子程序，这样可以简化主程序的编制。子程序可以被主程序调用，同时子程序也可以调用另一个子程序，这样可以简化程序的编制和节省 CNC 系统的内存空间。

子程序必须有一程序号码，且以 M99 作为子程序的结束指令。主程序调用子程序的指令格式如下：

指令格式：

M98 P__ ××××；

指令功能：调用子程序。

指令说明：P__ 为要调用的子程序号；××××为重复调用子程序的次数，若只调用一次子程序可省略不写，系统允许重复调用次数为 1～9 999 次。

例如：M98　P123406；

主程序调用同一子程序执行加工，最多可执行9999次，且子程序亦可再调用另一子程序执行加工，最多可调用4层子程序（不同的系统其执行的次数及层次可能不同），如图 12－4 所示。

例：以 HNC－21T 系统子程序指令，加工如图 12－5所示工件上的四个槽。

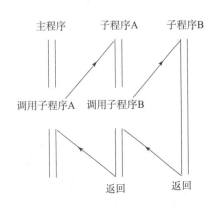

图 12－4　子程序的调用

分别编制主程序和子程序如下：

主程序：

%123;

M3 S600 T0101;

G00 X82.0 Z0;

M98 P12344;调用予程序 1234 执行四次,切削四个

凹槽

G0X150.0 Z200.0;

M30;

子程序：

%1234;

G0 W-20.0;

G01 X74.0 F0.08;

G00 X82.0;

M99;

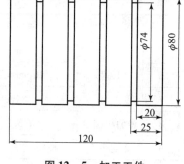

图 12-5 加工工件

　　M99 指令也可用于主程序最后程序段，此时程序执行指针会跳回主程序的第一程序段继续执行此程序，所以此程序将一直重复执行，除非按下"RESET"键才能中断执行。

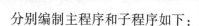

　　图 12-6 所示为切纸辊槽的图纸，考虑方法一：切槽部分采用调用子程序方法怎么加工?

　　方法二：我们之前所学习过的 G75 指令编程是否更简单?

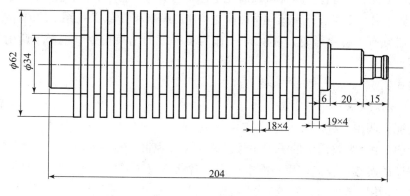

图 12-6 切纸辊槽

　　答：

 **活动评价**

评价内容与实际比对，能做到的根据程度量在表 12 - 8 相应等级栏中打√号。

表 12 - 8　活动评价

项目	评 价 内 容	评价等级（学生自我评价）		
		A	B	C
关键能力评价项目	1. 安全意识强			
	2. 着装、仪容符合实习要求			
	3. 积极主动学习			
	4. 无消极怠工现象			
	5. 爱护公共财物和设备设施			
	6. 维护课堂纪律			
	7. 服从指挥和管理			
	8. 积极维护场地卫生			
专业能力评价项目	1. 书、本等学习用品准备充分			
	2. 工、量具选择及运用得当			
	3. 理论联系实际			
	4. 积极主动参与程序编辑训练			
	5. 严格遵守操作规程			
	6. 独立完成操作训练			
	7. 独立完成工作页			
	8. 学习和训练质量高			
教师评语		成绩评定		

任务十三 端面槽加工

在数控车床零件加工中，大多时候加工都是在轮廓外部或是在轮廓内部进行的，这些操作相对简单。但是生产中由于设备的需求，零件加工需要在轮廓的端面上进行，因此掌握这类零件的加工也是我们必须学习的任务。

 任务学习目标

（1）了解端面槽的种类和应用场合。

（2）认识端面槽刀并掌握端面槽的加工方法。

（3）明确端面槽加工的注意事项。

 任务实施课时

20 学时。

 任务实施流程

（1）导入新课。

（2）组织学生根据自身认识填写工作页。

（3）根据操作步骤要求，组织学生观看影像资料和示范操作。

（4）组织学生进行项目实际操作。

（5）巡回指导练习。

（6）结合实习要求和资料，对相关理论知识进行讲解。

（7）拓展问题讨论。

（8）学习任务考试。

（9）完成活动评价表。

（10）学习任务情况总结。

 任务所需器材

（1）设备：数控车床、电脑。

（2）工具：加工刀具、测量量具、加工材料、各种扳手。

（3）辅具：影像资料、课件。

 课前导读

完成表 13 - 1 中内容。

表 13-1　课前导读

序号	实施内容	答案选项	正确答案
1	你认为加工端面槽可以直接用切槽刀加工吗？	A. 可以　　　B. 不可以	
2	在进行端面槽加工时，所选用的刀具是否应根据加工圆弧的大小进行选择？	A. 是　　　B. 否	
3	在加工槽时切削用量应选择哪种？	A. 大　　　B. 小	
4	当加工的槽较宽时应选用哪种方法加工？	A. 直进法　　　B. 左右切削法	
5	极限偏差和公差可以是正、负或者为零。	A. 错　　　B. 对	
6	影响切削温度的主要因素：工件材料、切削用量、刀具几何参数和冷却条件等。	A. 错　　　B. 对	
7	孔的形状精度主要有圆度和_____。	A. 垂直度　　B. 平行度 C. 同轴度　　D. 圆柱度	
8	在零件加工过程中，车床主轴的转速应根据工件的直径进行调整。	A. 错　　　B. 对	
9	切槽时，防止产生振动的措施是_____。	A. 增大前角 B. 减小前角 C. 减小进给量 D. 提高切削速度	
10	为保证所加工零件尺寸在公差范围内，应按零件的最小实体尺寸进行编程。	A. 错　　　B. 对	

情景描述

在一次数控车工实习中，有一位学生完成自己的任务后，走到实习车间的产品展览厅参观，发现了如图 13-1 所示的轴类零件，他想自己平时加工的零件形状都是在内、外轮廓上进行的，像这种在端面上的形状该如何加工呢？于是他带着疑问跑到老师那儿问个明白。你想知道老师告诉他什么了吗？想知道答案那就请学习以下内容吧！

图 13-1　轴类零件

 **任务实施**

根据如图 13-2 所示零件图样要求，加工出如图 13-3 所示实体零件。

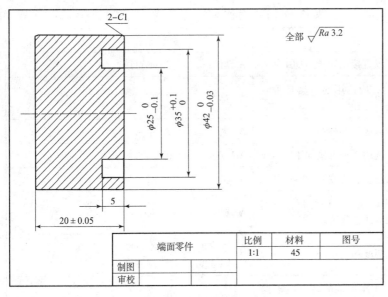

图 13-2　端面零件图

图 13-3　实体图

任务实施一：分析零件图样（见表13-2）

表 13-2　零件图样分析

项目	说　明
轮廓结构分析	零件轮廓主要包括＿＿＿＿＿、＿＿＿＿＿和＿＿＿＿＿
加工精度分析	最高尺寸要求为＿＿＿＿＿外圆尺寸；表面粗糙度要求为＿＿＿＿＿
确定毛坯材料	根据图样形状和尺寸大小，此零件加工可选用 ϕ＿＿＿＿＿×＿＿＿＿＿圆棒料
确定定位与装夹方案	以毛坯表面和零件轴线为定位；零件加工零点设在＿＿＿＿＿；用三爪卡盘夹住 ϕ45mm 圆柱毛坯表面，伸出 30mm 长进行加工

任务实施二：确定加工工艺路线和指令选用（表13-3）

表 13-3　加工工艺路线和指令

序号	工 步 内 容	加工指令
1	粗加工端面和外圆柱	
2	精加工端面和外圆柱，倒角	
3	加工端面直槽	
4	切断和倒角	

任务实施三：选用刀具和切削用量（见表13－4）

表13－4　刀具和切削用量

工步序号	刀具规格	主轴转速/(r·min⁻¹)	切削深度/mm	进给量/(mm·r⁻¹)
1	93°外圆车刀	500～1 000	1～2	0.2～0.3
2	93°外圆车刀	1 000～2 000	0.5	0.1～0.15
3			—	
4	$B = 3$mm 切断刀	300～600	—	0.05

任务实施四：确定测量工具（见表13－5）

表13－5　测量工具

序号	名称	规格	精度	数量
1	游标卡尺			1
2	外径千分尺			1

任务实施五：加工操作步骤（见表13－6）

表13－6　加工操作步骤

序号	加工步骤	示　意　图
1	粗加工端面和外圆柱，编写加工程序	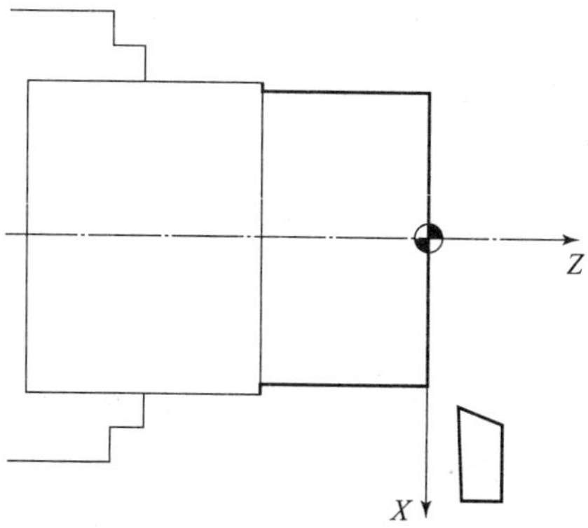

序号	加工步骤	示 意 图
2	精加工端面和外圆柱，倒角	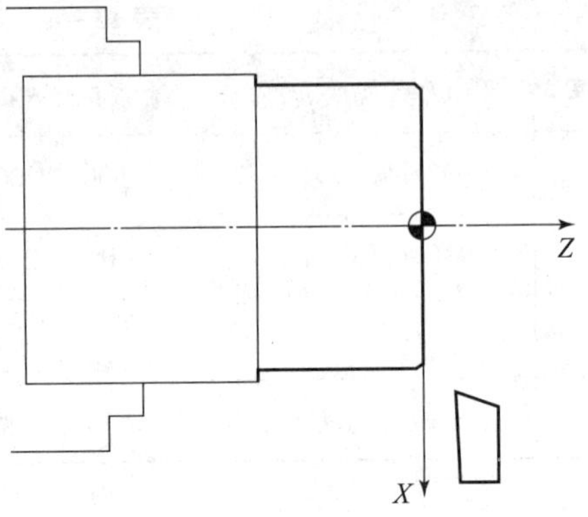
3	加工端面直槽（采用直进法） 程序： G00 X35 Z2;以外刀尖定位 G99 G01 Z-5 F0.05; G00 Z2;	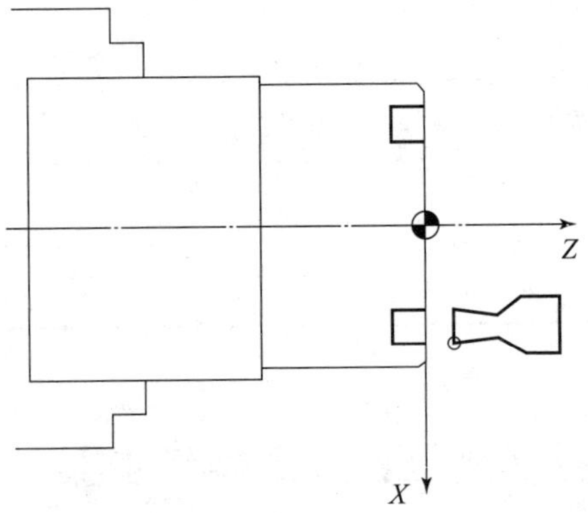
4	切断和倒角	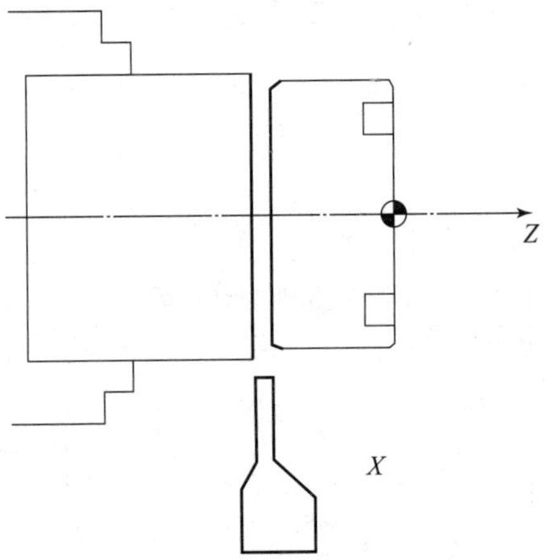

任务实施六：零件评价和检测

将加工完成零件按表 13 - 7 评分表中的要求进行检测。

表 13 - 7　零件评价和检测

序号	考核项目	考核内容	配分	评分标准	检测结果	得分	扣分	备注
1	外圆尺寸	$\phi 42_{-0.03}^{0}$ mm/$Ra3.2\mu$m	10/10	每超差 0.01 扣 2 分，每降一级 2 分				
2		$\phi 25_{-0.1}^{0}$ mm/$Ra3.2\mu$m	10/10	每超差 0.01 扣 2 分，每降一级 2 分				
3	内孔尺寸	$\phi 35_{0}^{+0.1}$ mm/$Ra3.2\mu$m	10/10	每超差 0.01 扣 2 分，每降一级 2 分				
4	长度	20mm ± 0.05mm/$Ra3.2\mu$m	10/10	每超差 0.01 扣 2 分，每降一级 2 分				
5		5mm	10	超差不得分				
6	倒角	2 - C1	10	每处不符不得分				
7	文明生产	按安全文明生产规定每违反一项扣 3 分，最多扣 20 分						

相关知识

知识一　端面槽的种类和应用

（1）端面直槽：一般用作密封或减轻零件重量，如图 13 - 4（a）所示。

（2）端面 T 形槽：一般用作放入 T 形螺钉，如图 13 - 4（b）所示。

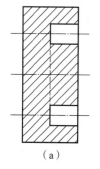 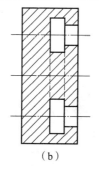 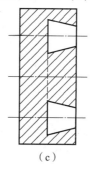 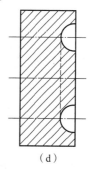

（a）　　　　　　　（b）　　　　　　　（c）　　　　　　　（d）

图 13 - 4　端面槽的种类

（a）端面直槽；（b）端面 T 形槽；（c）端面燕尾槽；（d）端面圆弧形槽

（3）端面燕尾槽：一般用作放入螺钉起固定作用，如图 13 - 4（c）所示。

（4）端面圆弧形槽：一般用作油槽，如图 13 - 4（d）所示。

知识二 端面槽刀的特点和端面槽的加工方法

1. 端面槽车刀的特点

端面槽车刀是外圆车刀和内孔车刀的结合，其中左侧刀尖相当于内孔车刀，右侧刀尖相当于外圆车刀，如图 13 - 5 所示。车刀左侧副后面必须根据端面槽圆弧的大小刃磨成相应的圆弧形（小于内孔一侧的圆弧），并带有一定的后角或双重后角才能车削，否则车刀会与槽孔壁相碰而无法车削。

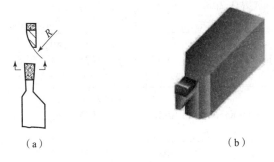

（a）   （b）

图 13 - 5 端面槽车刀的形状

2. 端面槽的车削方法

1）车端面直槽的方法

若端面直槽加工精度要求不高、宽度较窄且深度较浅，则通常用等于槽宽的车刀采用直进法一次进给车出，如图 13 - 6（a）所示；如果槽的精度要求较高，则采用先粗车槽两侧并留精车余量，然后分别精车槽两侧的方法，如图 13 - 6（b）和图 13 - 6（c）所示。

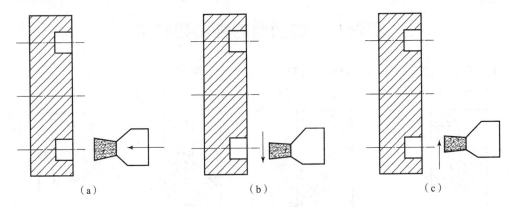

（a）   （b）   （c）

图 13 - 6 车端面直槽方法

（a）车槽直进法；（b）车外侧槽；（c）车内侧槽

2）车端面 T 形槽的方法

车 T 形槽比较复杂，通常先用端面直槽刀车出直槽，再用外侧弯头车槽刀车外侧沟槽，最后用内侧弯头车槽刀车内侧沟槽。为了避免弯头刀与直槽侧面圆弧相碰，应将弯头刀刀体侧面磨成圆弧形。此外，弯头刀刀刃的宽度应小于或等于槽宽 a，且 L 应小于 b，否则弯头刀无法进入槽内，如图 13 – 7（a）~图 13 –7（c）所示。

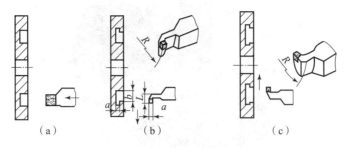

（a）　　　　　　（b）　　　　　　（c）

图 13 – 7　T 形槽车刀与车削方法

（a）车槽直进法；（b）车外侧沟槽；（c）车内侧沟槽

3）车端面燕尾槽的方法

车燕尾槽的方法与车 T 形槽的方法相似，如图 13 – 8 所示。

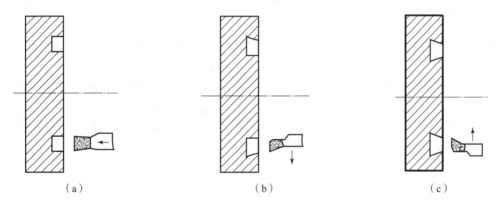

（a）　　　　　　　　（b）　　　　　　　　（c）

图 13 – 8　车端面燕尾槽方法

（a）车槽直进法；（b）车外侧沟槽；（c）车内侧沟槽

3. 端面槽的常用测量

（1）端面槽外直径常用游标卡尺、外径千分尺及外卡钳等量具进行测量。

（2）端面槽内直径常用游标卡尺、内径千分尺及内卡钳等量具进行测量。

（3）端面槽深一般用游标卡尺、深度游标卡尺及深度千分尺等进行测量。

知识三　端面槽加工注意事项

（1）端面槽加工时刀具角度、进给速度和主轴转速应选用适当。

（2）端面槽刀具的两个副后角不能相同，靠近工件中心的副后角可以适当减小；反之，远离工件中心的副后角必须增大，以防副后面与端面槽壁发生干涉。

（3）进给速度应比同等刀具材料的标准进给速度略低，主轴转速也应下降。

思考如图 13 –9 所示图形轮廓形状该如何进行加工？

图 13 – 9 加工工件图形轮廓

 活动评价

根据自己在该任务中的学习表现，结合表 13 – 8 中活动评价项目进行自我评价。

表 13 – 8 活动评价

项目	评 价 内 容	评价等级（学生自我评价）		
		A	B	C
关键能力评价项目	1. 安全意识强			
	2. 着装、仪容符合实习要求			
	3. 积极主动学习			
	4. 无消极怠工现象			
	5. 爱护公共财物和设备设施			
	6. 维护课堂纪律			
	7. 服从指挥和管理			
	8. 积极维护场地卫生			
专业能力评价项目	1. 书、本等学习用品准备充分			
	2. 工、量具选择及运用得当			
	3. 理论联系实际			
	4. 积极主动参与端面训练			
	5. 严格遵守操作规程			
	6. 独立完成操作训练			
	7. 独立完成工作页			
	8. 学习和训练质量高			
教师评语		成绩评定		

任务十四　组合零件加工

在数控车床零件加工中，前期主要以单个零件产品为主进行练习，对分析和操作都较为容易。在实际生产中，许多零件加工完成后需要与其他零件相互装配起来，还有的是整个装配产品零件一起加工，这样就要求技术人员能正确分析零件加工工艺，加工时考虑整体要求。因此，还需要进一步深入学习，才可以应对各种不同零件加工。

 任务学习目标

（1）能正确分析组合零件图样，并合理制定加工工艺。

（2）掌握加工中工件的校正，同时能根据图样轮廓加工要求制作简单夹具，以保证加工要求。

（3）掌握零件的综合检测，并能分析加工中的问题。

 任务实施课时

40 学时。

 任务实施流程

（1）导入新课。

（2）组织学生根据自身认识填写工作页。

（3）根据操作步骤要求，组织学生观看影像资料和示范操作。

（4）组织学生进行项目实际操作。

（5）巡回指导练习。

（6）结合实习要求和资料，对相关理论知识进行讲解。

（7）拓展问题讨论。

（8）学习任务考试。

（9）完成活动评价表。

（10）学习任务情况总结。

 任务所需器材

（1）设备：数控车床、电脑。

（2）工具：加工刀具、测量量具、加工材料和各种扳手。

（3）辅具：影像资料、课件。

完成表 14-1 中内容。

表 14-1 课前导读

序号	实施内容	答案选项		正确答案
1	顶尖的作用是定中心及承受工件的重量和刀具作用在工件上的切削力。	A. 对	B. 错	
2	采用不完全定位的方法可简化夹具。	A. 对	B. 错	
3	工件在夹具中定位时，一般不要出现过定位。	A. 对	B. 错	
4	手动夹紧机构要有自锁作用，原始作用力去除后工件仍保持夹紧状态。	A. 对	B. 错	
5	夹具中布置六个支撑点，工件的六个自由度就能完全被限制，这时工作的定位称为_____。	A. 欠定位 C. 不完全定位	B. 过定位 D. 完全定位	
6	选择定位基准时，应尽量与工件的_____一致。	A. 工艺基准 C. 起始基准	B. 测量基准 D. 设计基准	
7	保证工件在夹具中具有正确加工位置的工件称为_____。	A. 引导元件 C. 定位元件	B. 夹紧装置 D. 夹具体	
8	用尾座顶尖支撑工件车削轴类零件时，工件易出现_____缺陷。	A. 不圆度 C. 竹节形	B. 腰鼓形 D. 圆柱度	
9	数控加工夹具有较好的_____。	A. 表面粗糙度 C. 定位精度	B. 尺寸精度 D. 以上都不是	
10	数控加工对夹具尽量采用机械、电动和气动方式。	A. 对	B. 错	

情 景 描 述

在一次数控车工实习中，有一位学生完成自己的任务后，走到实习车间的产品展览厅参观，发现了如图 14-1 所示的保温杯，他觉得很好看也很实用，想自己能把保温杯加工出来多好啊。于是他带着疑问跑到老师那里问个明白。你想知道老师告诉他什么了吗？想知道答案那就请学习以下内容吧！

任务实施

根据如图 14-2、图 14-4 和图 14-6 所示工艺保温杯零件图样要求，加工出如图 14-3、图 14-5 和图 14-7 所示实体零件，并按如图 14-8 所示组装成如图 14-9 所示的形状。

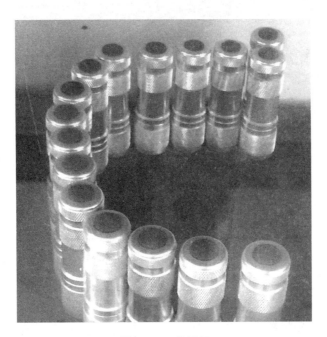

图 14-1 保温杯

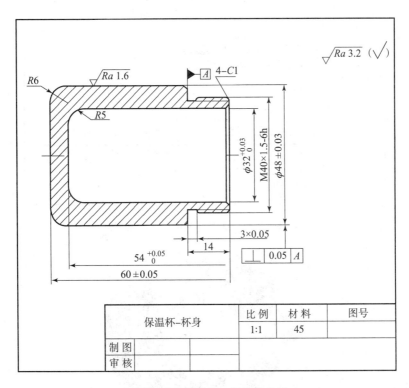

图 14-2 保温杯—杯身零件图

图 14－3　保温杯—杯身实体图

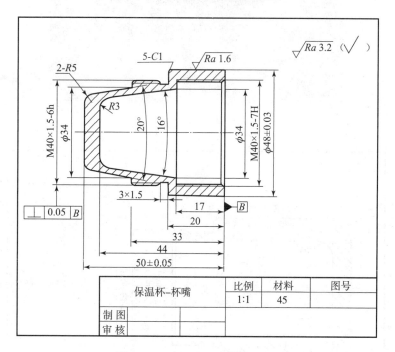

保温杯–杯嘴		比例	材料	图号
		1:1	45	
制　图				
审　核				

图 14－4　保温杯—杯嘴零件图

图 14－5　保温杯—杯嘴实体图

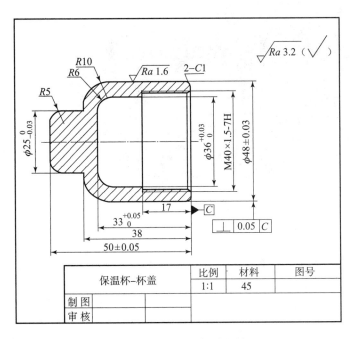

图 14 - 7　保温杯—杯盖实体图

图 14 - 6　保温杯—杯盖零件图

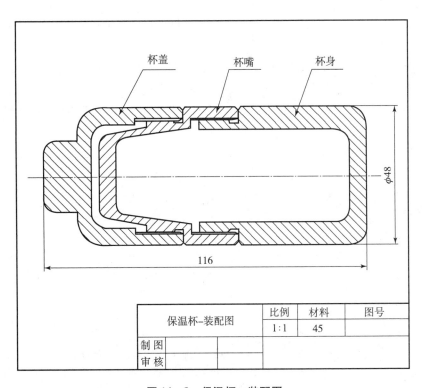

图 14 - 8　保温杯—装配图

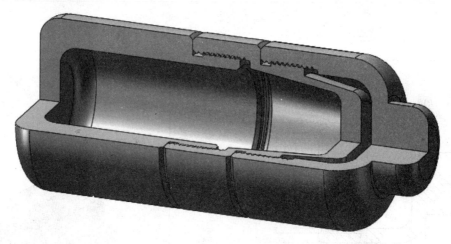

图 14 - 9   保温杯—装配实体图

任务实施一：分析零件图样（见表 14 - 2 ~ 表 14 - 4）

表 14 - 2   保温杯—杯身零件图样分析

项目	说　明
轮廓结构分析	零件轮廓主要包括内外圆柱、外退刀槽、外螺纹、倒角
加工精度分析	最高尺寸要求为 $\phi32$mm 内孔尺寸；最高表面粗糙度要求为 $Ra1.6\mu$m；形位公差要求有垂直度
确定毛坯材料	根据图样形状和尺寸大小，此零件加工可选用 $\phi50$mm × 65mm 圆棒料
确定定位与装夹方案	以零件轴线为定位基准；加工零点设在零件的左端或右端面中心；装夹方案为先装夹毛坯 $\phi50$mm 表面，伸出 50mm 长加工 $\phi48$mm 外圆柱至退刀槽；调头装夹 $\phi48$mm 圆柱面，加工剩余部位

表 14 - 3   保温杯—杯嘴零件图样分析

项目	说　明
轮廓结构分析	零件轮廓主要包括内外圆柱、圆锥、螺纹、外退刀槽
加工精度分析	最高尺寸要求为 $\phi48$mm 外圆尺寸；最高表面粗糙度要求为 $Ra1.6\mu$m；形位公差要求有垂直度
确定毛坯材料	根据图样形状和尺寸大小，此零件加工可选用 $\phi50$mm × 55mm 圆棒料
确定定位与装夹方案	以零件轴线为定位基准；加工零点设在零件的左端或右端面中心；装夹方案为先装夹毛坯 $\phi50$mm 表面，伸出 30mm 长加工 $\phi48$mm 外圆柱至退刀槽及内轮廓；调头装夹 $\phi48$mm 圆柱面，加工剩余部位

表 14 - 4　保温杯—杯嘴零件图样分析

项目	说　明
轮廓结构分析	零件轮廓主要包括内外圆柱、内螺纹、倒角
加工精度分析	最高尺寸要求为 ϕ25mm 外圆尺寸和 ϕ36mm 内孔尺寸；最高表面粗糙度要求为 Ra1.6μm；形位公差要求有垂直度
确定毛坯材料	根据图样形状和尺寸大小，此零件加工可选用 ϕ50mm × 55mm 圆棒料
确定定位与装夹方案	以零件轴线为定位基准；加工零点设在零件的左端或右端面中心；装夹方案为先装夹毛坯 ϕ50mm 表面，伸出 10mm 长加工所有内轮廓；调头利用夹具装夹内轮廓，加工外轮廓

任务实施二：确定加工工艺步骤和指令选用（见表14 - 5 ~ 表14 - 7）

表 14 - 5　保温杯—杯身加工工艺步骤和指令

序号	工　步　内　容	加工指令
1	钻孔	手动
2	粗加工左端面、圆角和 ϕ48mm 外圆柱	G71
3	精加工左端面、圆角和 ϕ48mm 外圆柱	G70
4	调头装夹，校正工件	手动
5	粗加工右端面、螺纹外径	G90/G94
6	精加工右端面、螺纹外径	G00/G01
7	加工螺纹退刀槽	G00/G01
8	加工外螺纹	G92
9	粗加工内轮廓	G71
10	精加工内轮廓	G70

表 14 - 6　保温杯—杯嘴加工工艺步骤和指令

序号	工　步　内　容	加工指令
1	钻孔	手动
2	粗加工右端面、ϕ48mm 外圆柱	G90
3	精加工右端面、ϕ48mm 外圆柱	G00/G01
4	粗加工内螺纹底径、内锥度	G71
5	精加工内螺纹底径、内锥度	G70
6	加工内螺纹	G92
7	调头装夹，校正工件	手动
8	粗加工左端面、外锥度、外螺纹大径	G71
9	精加工左端面、外锥度、外螺纹大径	G70
10	加工螺纹退刀槽	G00/G01
11	加工外螺纹	G92

表 14 – 7   保温杯—杯盖加工工艺步骤和指令

序号	工步内容	加工指令
1	钻孔	手动
2	粗、精加工右端面	G00/G01
3	粗加工右内轮廓	G71
4	精加工右内轮廓	G70
5	加工内螺纹	G92
6	调头装夹，校正工件	手动
7	粗加工左端面及 $\phi25mm$、$\phi48mm$ 圆柱，倒圆角	G71
8	精加工左端面及 $\phi25mm$、$\phi48mm$ 圆柱，倒圆角	G70

任务实施三：选用刀具和切削用量（见表 14 – 8 ~ 表 14 – 10）

表 14 – 8   保温杯—杯身刀具和切削用量

工步序号	刀具规格	主轴转速/(r·min⁻¹)	切削深度/mm	进给量/(mm·r⁻¹)
1	$\phi20mm$ 钻头	400	10	—
2	93°外圆车刀	500 ~ 1 000	1 ~ 2	0.2 ~ 0.3
3	93°外圆车刀	1 000 ~ 2 000	0.5	0.1 ~ 0.15
5	93°外圆车刀	500 ~ 1 000	1 ~ 2	0.2 ~ 0.3
6	93°外圆车刀	1 000 ~ 2 000	0.5	0.1 ~ 0.15
7	$B=3mm$ 切槽刀	200 ~ 500	—	0.05
8	60°外螺纹刀	500 ~ 800	—	1.5
9	93°内圆车刀	500 ~ 1 000	1 ~ 2	0.2 ~ 0.3
10	93°内圆车刀	1 000 ~ 2 000	0.5	0.1 ~ 0.15

表 14 – 9   保温杯—杯嘴刀具和切削用量

工步序号	刀具规格	主轴转速/(r·min⁻¹)	切削深度/mm	进给量/(mm·r⁻¹)
1	$\phi18mm$ 钻头	400	9	—
2	93°外圆车刀	500 ~ 1 000	1 ~ 2	0.2 ~ 0.3
3	93°外圆车刀	1 000 ~ 2 000	0.5	0.1 ~ 0.15
4	93°内圆车刀	500 ~ 1 000	1 ~ 2	0.2 ~ 0.3
5	93°内圆车刀	1 000 ~ 2 000	0.5	0.1 ~ 0.15
6	60°内螺纹刀	500 ~ 800	—	1.5
8	93°外圆车刀	500 ~ 1 000	1 ~ 2	0.2 ~ 0.3
9	93°外圆车刀	1 000 ~ 2 000	0.5	0.1 ~ 0.15
10	$B=3mm$ 切槽刀	200 ~ 500	—	0.05
11	60°外螺纹刀	500 ~ 800	—	1.5

表 14 –10 保温杯—杯盖刀具和切削用量

工步序号	刀具规格	主轴转速/(r · min⁻¹)	切削深度/mm	进给量/(mm · r⁻¹)
1	φ22mm 钻头	300	11	—
2	93°外圆车刀	1 000 ~ 2 000	1	0.1 ~ 0.15
3	93°内圆车刀	500 ~ 1 000	1 ~ 2	0.2 ~ 0.3
4	93°内圆车刀	1 000 ~ 2 000	0.5	0.1 ~ 0.15
6	60°内螺纹刀	500 ~ 800	—	1.5
7	93°外圆车刀	500 ~ 1 000	1 ~ 2	0.2 ~ 0.3
8	93°外圆车刀	1 000 ~ 2 000	0.5	0.1 ~ 0.15

任务实施四：确定测量工具（见表14 –11 ~ 表14 –13）

表 14 –11　保温杯—杯身量具

序号	名称	规格	精度/mm	数量
1	游标卡尺	0 ~ 150mm	0.02	1
2	外径千分尺	25 ~ 50mm	0.01	1
3	外径螺纹千分尺	25 ~ 50mm	0.01	1
4	内孔千分尺	25 ~ 50mm	0.01	1
5	深度千分尺	0 ~ 100mm	0.01	1
6	R 规	R1 ~ R7mm	—	1
7	粗糙度样板	Ra0.8 ~ 6.3μm	—	1
8	杠杆百分表	0 ~ 1mm	0.01	1

表 14 –12　保温杯—杯嘴量具

序号	名称	规格	精度/mm	数量
1	游标卡尺	0 ~ 150mm	0.02	1
2	外径千分尺	25 ~ 50mm	0.01	1
3	外径螺纹千分尺	25 ~ 50mm	0.01	1
4	内螺纹塞规	M40 × 1.5 – 7H	—	1
5	R 规	R1 ~ R7mm	—	1
6	粗糙度样板	Ra0.8 ~ 6.3μm	—	1
7	杠杆百分表	0 ~ 1mm	0.01	1

表 14 - 13　保温杯—杯盖量具

序号	名称	规格	精度/mm	数量
1	游标卡尺	0 ~ 150mm	0.02	1
2	外径千分尺	25 ~ 50mm	0.01	1
3	深度千分尺	0 ~ 100mm	0.01	1
4	内螺纹塞规	M40 × 1.5 - 7H	—	1
5	R 规	R1 ~ R7mm	—	1
6	粗糙度样板	Ra0.8 ~ 6.3μm	—	1
7	杠杆百分表	0 ~ 1mm	0.01	1

任务实施五：加工操作步骤（见表14 - 14 ~ 表14 - 16）

表 14 - 14　保温杯—杯身加工步骤

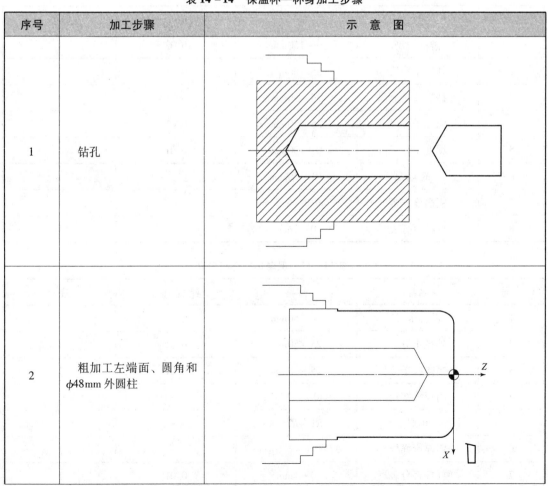

序号	加工步骤	示　意　图
1	钻孔	
2	粗加工左端面、圆角和 φ48mm 外圆柱	

序号	加工步骤	示　意　图
3	精加工左端面、圆角和 φ48mm 外圆柱	
4	调头装夹,校正工件	
5	粗加工右端面、螺纹外径	
6	精加工右端面、螺纹外径	

序号	加工步骤	示　意　图
7	加工螺纹退刀槽	
8	加工外螺纹	
9	粗加工内轮廓	
10	精加工内轮廓	

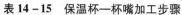

表 14 – 15　保温杯—杯嘴加工步骤

序号	加工步骤	示　意　图
1	钻孔	
2	粗加工右端面、ϕ48mm 外圆柱	
3	精加工右端面、ϕ48mm 外圆柱	
4	粗加工内螺纹底径、内锥度	

序号	加工步骤	示 意 图
5	精加工内螺纹底径、内锥度	
6	加工内螺纹	
7	调头装夹，校正工件	
8	粗加工左端面、外锥度、外螺纹大径	

续表

序号	加工步骤	示 意 图
9	精加工左端面、外锥度、外螺纹大径	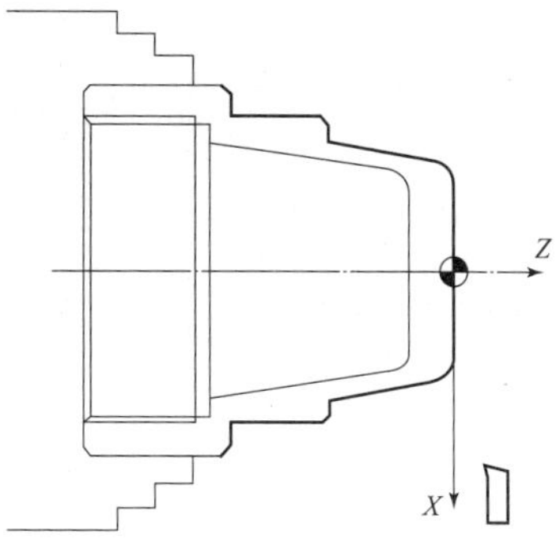
10	加工螺纹退刀槽	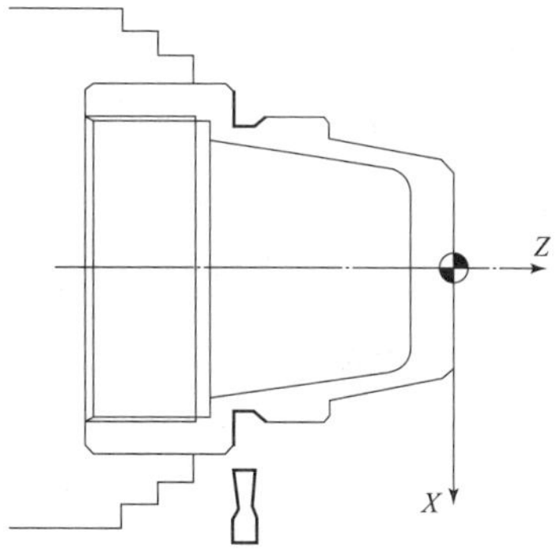
11	加工外螺纹	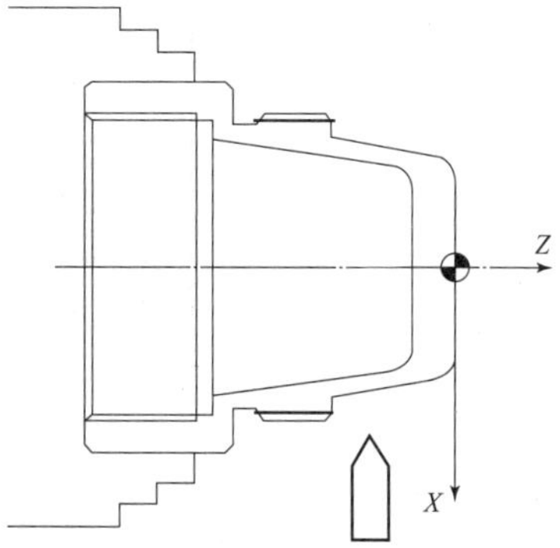

表 14-16 保温杯—杯盖加工步骤

序号	加工步骤	示 意 图
1	钻孔	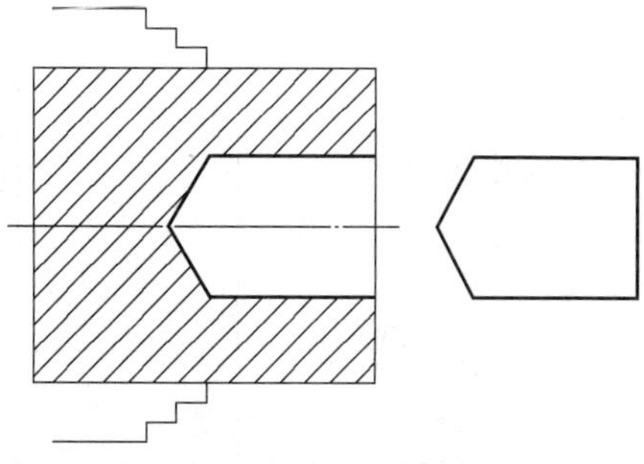

序号	加工步骤	示　意　图
2	粗、精加工右端面	
3	粗加工右内轮廓	
4	精加工右内轮廓	
5	加工内螺纹	

序号	加工步骤	示 意 图
6	调头装夹，校正工件	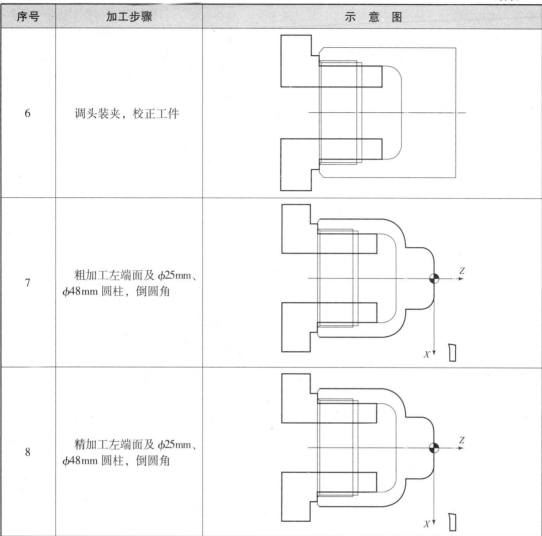
7	粗加工左端面及 $\phi 25\text{mm}$、$\phi 48\text{mm}$ 圆柱，倒圆角	
8	精加工左端面及 $\phi 25\text{mm}$、$\phi 48\text{mm}$ 圆柱，倒圆角	

任务实施六：零件评价和检测

将加工完成零件按表 14 – 17 ~ 表 14 – 19 评分表中的要求进行检测。

表 14 – 17 保温杯—杯身评分

序号	考核项目	考核内容	配分	评分标准	检测结果	得分	扣分	备注
1	外圆尺寸	$\phi 48\text{mm} \pm 0.03\text{mm} / Ra1.6\mu\text{m}$	10/5	每超差 0.01 扣 2 分，每降一级 2 分				
2	内孔尺寸	$\phi 32^{+0.03}_{0}\text{mm} / Ra3.2\mu\text{m}$	10/5	每超差 0.01 扣 2 分，每降一级 2 分				

序号	考核项目	考核内容	配分	评分标准	检测结果	得分	扣分	备注
3	长度	$60\text{mm} \pm 0.05\text{mm}/Ra3.2\mu\text{m}$	10/5	每超差 0.01 扣 2 分，每降一级 2 分				
4		$54^{+0.05}_{0}\text{mm}/Ra3.2\mu\text{m}$	10/5	每超差 0.01 扣 2 分，每降一级 2 分				
5	螺纹	$M40 \times 1.5 - 6h$	10	超差不得分				
6	倒角	$4 - C1$	10	每处不符不得分				
7		$R5\text{mm}/R6\text{mm}$	5/5	每处不符不得分				
8	形位要求	$\perp 0.05\text{mm}$	10	每超差 0.01 扣 2 分，每降一级 2 分				
9	文明生产	按安全文明生产规定每违反一项扣 3 分，最多扣 20 分						

表 14 – 18　保温杯—杯嘴评分表

序号	考核项目	考核内容	配分	评分标准	检测结果	得分	扣分	备注
1	外圆尺寸	$\phi48\text{mm} \pm 0.03\text{mm}/Ra1.6\mu\text{m}$	10/5	每超差 0.01 扣 2 分，每降一级 2 分				
2	长度	$50\text{mm} \pm 0.05\text{mm}/Ra3.2\mu\text{m}$	10/5	每超差 0.01 扣 2 分，每降一级 2 分				
3	螺纹	$M40 \times 1.5 - 6h$	5	超差不得分				
4		$M40 \times 1.5 - 7H$	5	超差不得分				
5	倒角	$5 - C1$	20	每处不符不得分				
6		$R5\text{mm}/R3\text{mm}$	5/5	每处不符不得分				
7	锥度	$20°$	10	每处不符不得分				
8		$16°$	10	每处不符不得分				
9	形位要求	$\perp 0.05\text{mm}$	10	每超差 0.01 扣 2 分，每降一级 2 分				
10	文明生产	按安全文明生产规定每违反一项扣 3 分，最多扣 20 分						

表 14 – 19　保温杯—杯盖评分表

序号	考核项目	考核内容	配分	评分标准	检测结果	得分	扣分	备注
1	外圆尺寸	$\phi 48mm \pm 0.03mm/Ra1.6\mu m$	10/5	每超差 0.01 扣 2 分，每降一级 2 分				
2		$\phi 25_{-0.03}^{\ 0}mm/Ra1.6\mu m$	10/5	每超差 0.01 扣 2 分，每降一级 2 分				
3	内孔尺寸	$\phi 36_{0}^{+0.03}mm/Ra3.2\mu m$	10/5	每超差 0.01 扣 2 分，每降一级 2 分				
4	长度	$50mm \pm 0.05mm/Ra3.2\mu m$	10/5	每超差 0.01 扣 2 分，每降一级 2 分				
5		$33_{0}^{+0.05}mm/Ra3.2\mu m$	10/5	每超差 0.01 扣 2 分，每降一级 2 分				
6	螺纹	$M40 \times 1.5 - 7H$	5	超差不得分				
7	倒角	$2 - C1$	6	每处不符不得分				
8		$R5mm/R6mm/R10mm$	9	每处不符不得分				
9	形位要求	$\perp 0.05mm$	5	每超差 0.01 扣 2 分，每降一级 2 分				
10	文明生产	按安全文明生产规定每违反一项扣 3 分，最多扣 20 分						

知识一　数控车床工装夹具

1. 工装夹具的概念

在数控车床上用于装夹工件的装置称为车床夹具。

2. 夹具的作用

在数控车削加工过程中，夹具的作用是装夹被加工工件，使其在加工过程中有正确的位置，因此，必须保证被加工工件的定位精度，并尽可能做到装卸方便、快捷。

3. 夹具的分类

车床夹具可分为通用夹具和专用夹具两大类。通用夹具是指能够装夹两种或两种以上工件的夹具，例如车床上的三爪卡盘、四爪卡盘、弹簧卡套和通用心轴等；专用夹具是专门为加工某一特定工件的某一工序而设计的夹具。

1）数控车床通用夹具

（1）三爪卡盘。

三爪卡盘是车床也是数控中心的通用夹具，三爪卡盘最大的优点是可以自动定心，它的夹持范围大，但定心精度不高，不适合于零件同轴度要求高的二次装夹。三爪卡盘常见的有机械式（见图14-10）和液压式（见图14-11）两种，液压卡盘装夹迅速、方便，但夹持范围小，尺寸变化大时需要重新调整卡爪位置，数控车床经常采用液压卡盘，其特别适用于批量加工。

图14-10　机械式三爪卡盘

图14-11　液压式三爪卡盘

（2）软爪。

由于三爪卡盘定心精度不高，当加工同轴度要求较高的工件，或者进行工件的二次装夹时，常使用软爪进行装夹。由于普通三爪卡盘的卡爪硬度较高，故很难用常用刀具切削，而软爪则改变了上述不足，是一种具有较好切削性能的卡爪，如图14-12所示。

图14-12　软爪

加工软爪时要注意以下几方面的问题：

①软爪要在与使用时相同的夹紧状态下进行车削，以免在加工过程中松动及由于反向间隙而引起定心误差。车削软爪内定位表面时，要在软爪尾部夹持一适当的圆盘，以消除卡盘端面螺纹的间隙。

②当被加工工件以外圆定位时，软爪夹持直径应比工件外圆直径略小，其目的是增加软爪与工件的接触面积。软爪内径大于工件外径时，会造成软爪与工件形成三点接触，此种情况下夹紧牢固度较差，所以应尽量避免。当软爪内径过小时，会形成软爪与工件的六点接触，不仅会在被加工表面留下压痕，而且软爪接触面也会变形，这在实际使用中都应该尽量避免。

（3）卡盘加顶尖。

在车削质量较大的工件时，一般把工件一端用卡盘夹持，另一端用后顶尖支撑。为了防止工件由于切削力的作用而产生轴向位移，必须在卡盘内装一限位支撑，或者利用工件的台阶面进行限位（见图14-13）。此种装夹方法比较安全可靠，能够承受较大的轴向切削力，安装刚性好，所以在数控车削加工中应用较多。

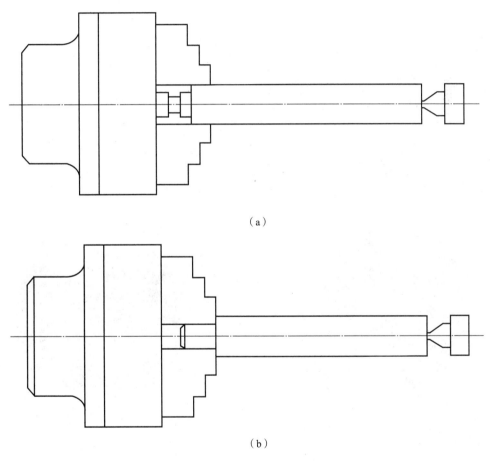

图 14 - 13　卡盘加顶尖装夹
（a）限位支撑；（b）工件台阶面支撑

（4）心轴和涨心心轴。

当工件用已加工过的孔作为定位基准时，可采用心轴装夹。这种装夹方法可以保证工件内、外表面的同轴度，适用于批量生产。心轴的种类很多，常见的心轴有：圆柱心轴、锥度心轴（见图14-14），这类心轴的定心精度不高；涨心心轴（见图14-15）既能定心，又能夹紧，是一种定心夹紧装置。

图 14-14　锥度心轴

图 14-15　涨心心轴

（5）弹簧夹套。

弹簧夹套定心精度高，装夹工件快捷方便，常用于精加工的外圆表面定位，如图 14-16 所示。它特别适用于尺寸精度较高、表面质量较好的冷拔圆棒料的夹持。它夹持工件的内孔必须是规定的标准系列，并非任意直径的工件都可以进行夹持。

（6）四爪卡盘。

当加工精度要求不高、偏心距较小、零件长度较短的工件时，可以采用四爪卡盘（见图 14-17）进行装夹，四爪卡盘的四个卡爪是各自独立移动的，通过调整工件夹持部位在车床主轴上的位置，使工件加工表面的回转中心与车床主轴的回转中心重合。但是，四爪卡盘的找正烦琐费时，一般用于单件小批量生产。四爪卡盘的卡爪有正爪和反爪两种形式。

图 14-16　弹簧夹套

图 14-17　单动四爪卡盘

（7）两顶尖拨盘

两顶尖定位的优点是定心正确可靠、安装方便，主要用于精度要求较高的零件加工。两顶尖装夹工件为：先使用对分夹头或鸡心夹头夹紧工件一端的圆周，再将拨杆旋入三爪卡盘，并使拨杆伸向对分夹头或鸡心夹头的端面。车床主轴转动时，带动三爪卡盘转动，随之带动拨杆转动，由拨杆拨动对分夹头或鸡心夹头，拨动工件随三爪卡盘而转动。两顶尖只对工件有定心和支撑作用，必须通过对分夹头或鸡心夹头的拨杆带动工件旋转。如图 14-18 所示。

使用两顶尖装夹工件时的注意事项：

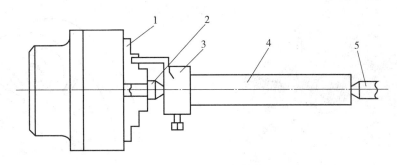

图 14 – 18　两顶尖装夹

1—卡爪；2—前顶尖；3—鸡心夹；4—工件；5—后顶尖

①前、后顶尖的连线应该与车床主轴中心线同轴，否则会产生不应有的锥度误差。

②尾座套筒在不与车刀干涉的前提下，应尽量伸出短些，以增加刚性和减小振动。

③中心孔的形状应正确，表面粗糙度应较好。

④两顶尖中心孔的配合应该松紧适当。

（8）拨动顶尖。

车削加工中常用的拨动顶尖有内、外拨动顶尖（见图 14 – 19）和端面拨动顶尖（见图 14 – 20）两种。

①内、外拨动顶尖：这种顶尖的锥面带齿，能嵌入工件，拨动工件旋转。

②端面拨动顶尖：这种顶尖用端面拨爪带动工件旋转，适合装夹工件的直径为 $\phi(50 \sim 150)$ mm。

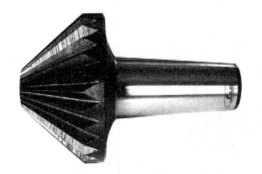

图 14 – 19　外拨动顶尖

图 14 – 20　端面拨动顶尖

（9）花盘和角铁。

数控车削加工中有时会遇到一些形状复杂和不规则的零件，不能用三爪和四爪卡盘装夹，需要借助其他工装夹具，如花盘（见图 14 – 21）、角铁（见图 14 – 22）等夹具。当被加工零件回转表面的轴线与基准面相垂直，且表面外形复杂时可以装夹在花盘上加工；当被加工零件回转表面的轴线与基准面相平行，且表面外形复杂时可以装夹在角铁上加工。

4. 夹具的选择

选择夹具时应优先考虑通用夹具，使用通用夹具无法装夹或者不能保证被加工工件与加工工序的定位精度时，才采用专用夹具。专用夹具的定位精度较高，成本也较高，但专用夹

图 14-21 花盘

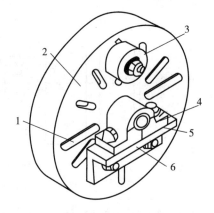

图 14-22 花盘和角铁装夹工件

1—螺栓孔槽；2—花盘；3—平衡块；

4—工件；5—安装基面；6—角铁

具可以保证产品质量、提高加工效率，并能解决车床加工中的特殊装夹问题、扩大机床的使用范围。

 拓展知识

根据图 14-23 ~ 图 14-25 所示零件图加工手电筒。

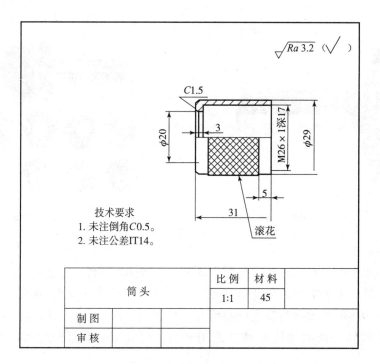

图 14-23 筒头

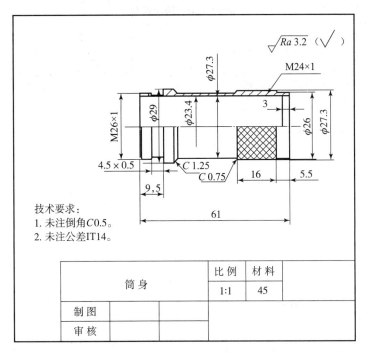

图 14 – 24　筒身

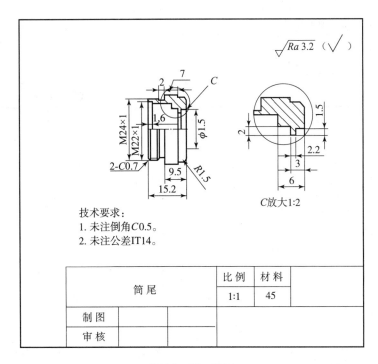

图 14 – 25　筒尾

 **活动评价**

评价内容与实际比对，能做到的根据程度量在表 14 – 20 相应等级栏中打√号。

表 14 - 20　活动评价

项目	评价内容	评价等级（学生自我评价）		
		A	B	C
关键能力评价项目	1. 安全意识强			
	2. 着装、仪容符合实习要求			
	3. 积极主动学习			
	4. 无消极怠工现象			
	5. 爱护公共财物和设备设施			
	6. 维护课堂纪律			
	7. 服从指挥和管理			
	8. 积极维护场地卫生			
专业能力评价项目	1. 书、本等学习用品准备充分			
	2. 工、量具选择及运用得当			
	3. 理论联系实际			
	4. 积极主动参与程序编辑训练			
	5. 严格遵守操作规程			
	6. 独立完成操作训练			
	7. 独立完成工作页			
	8. 学习和训练质量高			
教师评语		成绩评定		

参 考 文 献

［1］关雄飞．数控加工工艺与编程［M］．北京：机械工业出版社，2011.

［2］谢晓红．数控车削编程与加工技术［M］．北京：电子工业出版社，2015.

［3］杨琳．数控车床加工工艺与编程［M］．北京：中国劳动社会出版社，2009.